GIS

变电站二次设备
综合检修与
消缺技术

国网浙江省电力有限公司宁波供电公司　组编

钱凯　主编

中国电力出版社
CHINA ELECTRIC POWER PRESS

内 容 提 要

本书主要介绍 GIS 变电站二次设备综合检修与消缺技术的相关知识和技能，内容包括 GIS 变电站综合检修二次专业标准化作业、三种综合检修典型停电方式下的二次作业、GIS 变电站二次反措及消缺工作指导三大能力模块 9 项任务。书中理论和实践相结合，图片与文字相结合，引入案例和实际情景强化理解，帮助电力行业相关技术人员理解 GIS 变电站二次设备的工作原理、维护要求和检修流程。

本书为电力行业相关技术人员提供了一套全面的技术指导和实践参考，适合电力行业工程师、技术员及相关专业的学生和研究人员使用。

图书在版编目（CIP）数据

GIS 变电站二次设备综合检修与消缺技术 / 国网浙江
省电力有限公司宁波供电公司组编 ；钱凯主编 . -- 北京 ：
中国电力出版社 ，2024. 12. -- ISBN 978-7-5198-9450
-4

Ⅰ . TM63

中国国家版本馆 CIP 数据核字第 2024BZ5438 号

出版发行 : 中国电力出版社
地　　址 : 北京市东城区北京站西街 19 号（邮政编码 100005）
网　　址 : http : //www.cepp.sgcc.com.cn
责任编辑 : 穆智勇（010-63412336）
责任校对 : 黄　蓓　王小鹏
装帧设计 : 王红柳
责任印制 : 石　雷

印　　刷 : 三河市航远印刷有限公司
版　　次 : 2024 年 12 月第一版
印　　次 : 2024 年 12 月北京第一次印刷
开　　本 : 710 毫米 ×1000 毫米　16 开本
印　　张 : 7.5
字　　数 : 133 千字
定　　价 : 56.00 元

前 言

PREFACE

电力工业是国民经济的支柱和现代社会的基础设施，它不仅为工业生产提供动力，也是居民生活不可或缺的能源。作为国计民生的重要组成部分，电力工业的稳定发展直接关系到国家经济的繁荣、社会运作的高效及人民生活的便利和质量。

GIS 变电站的可靠运行能够极大地提高电力系统的稳定性、安全性和效率，是现代电力系统中不可或缺的一部分。其中 GIS 变电站一次设备直接参与电力运输和高压电气的分配，对于保障电力系统稳定运作具有重要影响；而二次设备用于监控、控制、保护和调节一次设备运行，对一次设备稳定运行有着不可替代的重要作用。因此在做好一次设备的定期综合检修和及时消缺工作的同时，也要兼顾做好二次设备的综合检修和消缺工作。

本书以 GIS 变电站二次设备的综合检修与消缺技术为脉络展开编制，旨在提供系统化、标准化的指导，帮助电力行业相关技术人员理解 GIS 变电站二次设备的工作原理、维护要求和检修流程。

1. 教材结构——以能力划分模块，以任务形式交代培养能力需要掌握的知识和技能

对于教材的结构编排，纵向来看，本书直观地将 GIS 变电站二次设备综合检修和消缺作业需要掌握的能力划分成三大能力模块；横向来看，每个能力模块均以任务形式展开具体的论述，读者可以根据自身的需求直接定位到相应的任务模块进行学习。

2. 内容特色——图文结合，理论和实践相结合，引入案例和实际情景强化理解

从教材内容上看，本书采用图文结合的方式，如任务 2 关于二次作业常用工器具、耗材和仪器的介绍部分应用了设备的具体图片，以此帮助读者准确清晰地认识专业设备；同时对于操作性较强的部分，如任务 8 中关于反措专项工作的部分，引入了具体的案例情景，基于特定的案例展开理论分析，进而引出相应的整改措施，最后对每个案例进行总结，将理论和实践紧密结合在一起，使读者在模拟实际操作中深化理解，做好二次设备反措专项工作。

3. 编制目的——工具用书，为电力行业技术人员提供指导

本书的编制目的是为电力行业的相关技术人员提供一本工具用书。通过本书，专业人员能够提高检修效率，降低设备故障率，确保电网的稳定运行，并适应电力行业技术发展的需求。同时，本书也可作为培训新员工、提升在职人员专业技能的指导手册。

编者

2024 年 12 月

目 录

CONTENT

能力模块 一　GIS变电站综合检修二次专业标准化作业

模块概说

　　综合检修作业是变电站设备健康状态评估、缺陷隐患消除的一种集中处理模式，也是保障变电站设备健康安全运行的有效手段。二次专业的核心技术是继电保护、自动化技术，如何有效组织继电保护、自动化人员安全高效地完成综合检修二次作业，是目前电网安全生产中经常讨论的课题。

　　本模块首先对综合检修中继电保护、自动化常用工具、基本耗材、备品备件等进行介绍，形成综合检修作业标准化专业工器具包；其次，模块会通过任务形式介绍二次专业使用的基本仪器及其使用方法，便于学员可以快速入门并着手准备工作；最后，本模块会带领学员熟悉综合检修准备、执行、闭环三个阶段的二次专业标准化流程，进一步掌握综合检修二次专业关键管控点。

模块目标

知识目标
- 了解综合检修作业中二次专业常用工具、基本耗材、备品备件。
- 掌握综合检修作业中二次专业常用仪器的基本使用方法。
- 掌握综合检修准备、执行、闭环三个阶段的二次专业标准化流程。
- 进一步掌握综合检修二次专业关键管控点。

能力目标
- 能够快速进入二次专业综合检修的负责人角色。
- 能够管控综合检修准备、执行、闭环三个阶段中的关键流程。

任务 1　二次专业标准化流程

【任务目标】

熟悉二次专业在综合检修中的标准化工作流程，掌握每阶段需要注意的关键环节。

【任务描述】

从综合检修的准备阶段开始到施工方案编写，再到现场执行和闭环，了解每一个环节执行时所关注的关键点和实用的作业方法。宏观了解综合检修二次专业的标准化流程。

【知识储备】

二次专业综合检修工作主要分为工作踏勘、方案编制、现场实施和工作闭环四个基本阶段（见图 1-1）：首先应当根据停电计划及工作内容进行工作踏勘，了解现场设备情况、缺陷情况、预估危险点等；其次根据踏勘的数据，针对性地进行方案编制，方案应明确整个工程的实施细节、分工、进度、危险点防范等；再次是现场实施，是综合检修方案的落地，是验证综合检修标准化模式合理性的实践；最后是工作闭环环节，总结整个工程的完成情况、遇到的问题及后续需要改进的地方等。

工作踏勘　方案编制　现场实施　工作闭环

图 1-1　二次专业综合检修流程图

一、工作踏勘阶段

综合检修停电计划和检修任务明确下达后，二次专业负责人根据下达的停电方式和工作任务进行现场踏勘。踏勘时，填写踏勘单（见图 1-2），并应注意以下几个关键踏勘点：

（1）工作负责人应预演现场施工作业的进程，考虑前后工序和专业上的协作等事项。

（2）明确有关停电范围内的设备缺陷、隐患是否能结合停电处理，需要的备品备件清单和厂家配合人员清单。针对疑难杂症需要组织专题分析。

（3）踏勘应记录继保室保护屏位布置情况，针对综合检修需开展工作的屏位，应特别关注其两侧及对面运行屏位、同屏运行设备情况。

（4）踏勘时，应开展施工危险点预分析，并考虑对应控制措施。重点应关注主变压器/母线保护、备用电源自动投入装置（简称备自投装置）/负荷转供装置、故障/低压解列装置误跳运行设备风险。

另外，若有结合综合检修的二次设备更换或一次设备更换配合工作，需要通过图纸和现场核对，详细查看待更换设备的在运情况，进一步查看二次电缆、新安装屏位的施工难度等。

附件 1 现场踏勘记录表

现 场 勘 察 记 录 模 板

勘察单位____变电检修中心____

部门（班组）____技术组 变电二次运检二班____

编号____变电二次运检二班-2023-3-31____

勘察负责人____钱×____   勘察人员____梁×× 钱×× 余×× 吕××____

勘察设备的双重名称（多回应注明双重称号）：220kV 副母Ⅱ段、#3号主变压器及其三侧、启航1线、待用 2YMⅠ、待用 2YMⅡ

工作任务【工作地点（地段）以及工作内容】：

#3号主变压器启航1线间隔配合 220kV 第一套母差改造相关工作、220kV 第二套母差升级相关回路验证,待用2YMⅠ、待用 2YMⅡ 与 220kV 第一、二套母差相关回路拆除。

现场勘察内容：

1. 工作地点需要停电的范围：
(5.19~5.19)停电设备：220kV 副母Ⅱ段改检修；启航1线间隔开关冷备用；#3号主变压器检修；#3号主变压器三侧开关冷备用；待用 2YMⅠ间隔开关及线路检修；待用 2YMⅡ 开关及线路检修；220kV 第一套母差保护改信号；220kV 第二套母差保护改信号
2. 保留的带电部位：
220kV 正母Ⅱ段带电运行、110kV 副母Ⅱ段、110kV 正母带电运行、35kV Ⅲ段母线带电运行、启航1线、#3号主变压器 220kV 正母Ⅱ段隔离开关正母Ⅱ段侧带电、#3号主变压器110kV 正母闸刀正母侧、#3号主变压器110kV 副Ⅱ母段隔离开关副母侧带电、#3号主变压器35kV 开关柜内母线侧静触头带电、35kV Ⅲ段母线带电运行、#3号主变压器35kV开关柜内母线侧静触头带电（220kV时大于等于3m，110kV时大于1.5m，35kV时大于等于1m）。
3.危险点
（1）、触电伤害。
（2）、机械伤人。
（3）、低压触电。
（4）、电压互二次反送电，短路或接地。
（5）、220kV 第一套母差保护误出口（一号主变压器、一号母联，其余间隔已拆除或已停役）。
（6）、#3号主变压器误出口。

图 1-2 现场踏勘记录表

二、施工方案编写阶段

施工方案是检修准备、现场实施最为重要的指导性文件，是分层分级交底的依据。施工方案二次专业部分编写应重点关注以下内容：

（1）施工方案应明确现场工作票组织形式。根据施工参与单位数量、现场工作面布置情况，明确采取按作业面持分票或按单位／专业持分票的形式。

（2）方案要明确二次专业施工的时间节点、二次设备的停役方式。尤其涉及二次设备更换的，还需要考虑更换后自动化对点、保护定值配置、验收等技术改造有关的配合工作，以及投产时的核相、带负荷等工作。

（3）方案中的二次专业危险点和防控措施要明确。二次专业涉及的典型危险点有保护误出口、交直流短路、电压互感器二次侧短路或接地、电流互感器二次侧开路、电压互感器反充电、自动化数据跳变、内网设备违规外联等。

（4）关键施工工艺把控，针对二次专业各类需要停电进行排查的专项工作，方案中应有明确的相关质量管控要求。

三、现场实施阶段

现场实施阶段是对前期准备工作的校验，是综合检修方案的落地，是验证综合检修标准化模式合理性的实践。现场实施阶段需遵守安全规程规定的组织措施、技术措施的基本框架，二次专业在工作票许可时，应关注二次检修设备屏位中相关运行设备、空气开关、回路是否有醒目的安措隔离。工作票中所列的二次设备状态、检修压板、远方／就地把手状态等安全措施（简称安措）是否执行到位。现场检修典型二次安全措施布置如图1–3所示。

在工作许可后使用二次安措卡强化二次专业检修人员对检修前后设备状态和设备安全的全面管控。在二次安措卡上记录原始设备状态并请工作票许可人许可，在工作中每执行一项二次安措，就在安措卡中记录。现场二次安全措施票填写如图1–4所示。

安措执行完毕后，检修人员应使用二次专业作业指导书进行持卡作业，这是确保设备"应修必修、修必修好"的关键制度措施，是避免检修漏项、确保检修质量的重要手段。现场作业必须按要求持卡进行、逐项打勾（记录）确认。专业指导书如图1–5所示。

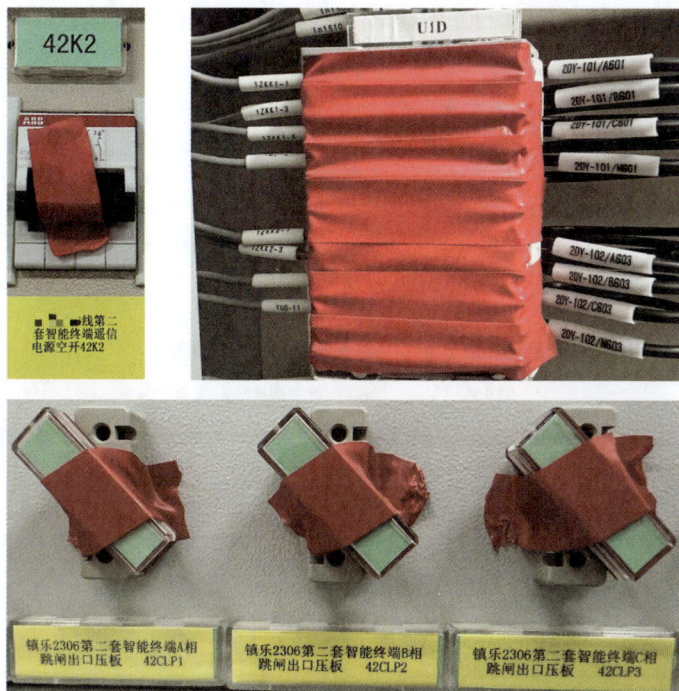

图1-3　现场检修典型二次安全措施布置

图1-4　现场二次安全措施票填写示意

智能变电站 220kV 继电保护检验标准化作业指导书

国网浙江省电力有限公司
二〇二三年一月

附录 A2：220 kV 线路保护定期检验记录卡

220 kV _____线路保护定期检验记录卡

表 A.1　设备数据

线路保护装置			
装置型号		装置直流电压	
装置版本信息		配置文件版本信息	
装置IP地址		子网掩码	
智能终端			
装置型号		装置直流电压	
装置版本信息		配置文件版本信息	
合并单元			
装置型号		装置直流电压	
装置版本信息		配置文件版本信息	

表 A.2　所需仪器仪表

序号	试验仪器名称	设备型号	编号
1			
2			
3			
4			
5			

表 A.3　逆变电源检查

图 1-5　专业指导书示意图

四、工作闭环阶段

（一）综合检修过程中的每日闭环

每日工作收工时应开展班后会进行当日工作总结，重点针对当日工作组织开展是否按计划进行、是否存在可能导致工作执行异常的情况及后续工作是否需要协调的事项进行复盘和确认，并对次日的工作计划和人员分工进行预安排。

工作负责人对本日施工作业工作任务执行过程情况进行分析，主要应包含以下内容：

（1）工作任务是否按计划完成。

（2）任务分配、人员安排是否合理。

（3）工作资料、耗材、备品备件准备是否充分。

（4）工作票、动火票及相关附件等填写应用是否正确完备。

（5）二次安全措施执行恢复是否正确完备。

（6）施工工器具、仪器仪表、安全工器具是否完好。

（7）作业过程是否发现设备异常情况和问题。

（8）施工中是否存在违章现象或不足之处等。

（9）作业过程中是否存在需协调明确的事项。

（10）施工现场是否清理。

（二）综合检修整体工作结束后的工程闭环

（1）二次专业班组应在综合检修工作过程中，针对发现的典型设备问题开展随工收集，以"图片+文字简介"的形式（见图1-6）反馈至技术管理专职，并于综合检修结束后汇编入工作总结。

图1-6　总结报告模板示意

（2）专业负责人应编辑综合检修总结，主要内容包括完成的工作任务、发现的问题、排除的隐患及后续提升管理工作四方面。

【知识小结】

综合检修工作中二次专业人员扮演着重要角色，从工作的踏勘、方案编写、现场措施执行落实、检修的工作终结和闭环等工作，都需要二次专业人员的积极参与与配合。作为电力检修人员，"七分准备，三分现场"是常说的一句话，这也说明了综合检修踏勘和方案编写的重要性。现场实施阶段，二次安措是保障二次专业人员安全和二次设备安全运行的重要举措，是必不可少的执行环节，二次安措卡的执行到位与否直接关系着现场安措把控是否到位。总结闭环阶段是提升专业管理水平、完善工作体系、展现检修队伍实力的重要手段，在检修过程中有意识地收集素材，能更好地做好总结提升工作。

【思考与练习】

问题一 编写方案时，二次专业需要明确的典型危险点有哪些？

问题二 综合检修当日工作完成后，班后会中工作负责人需要分析的关键点有哪些？

任务2 二次作业常用工器具、耗材和仪器

【任务目标】

（1）认识和了解综合检修中二次专业常用耗材、仪器。

（2）掌握常规继电保护测试仪的基本使用方法，能够使用该测试仪独立完成简单的保护校验。

（3）掌握数字式继电保护测试仪的基本使用方法，能够使用该测试仪独立完成简单的保护校验。

（4）掌握数字式绝缘测试仪的基本使用方法，能够使用测试仪进行完整的设备及回路绝缘情况的测试和分析判断。

【任务描述】

（1）通过二次专业耗材、仪器的认识和熟悉，快速找到作为二次专业负责人在综合检修前期准备中的角色感。

（2）以 ONLLY 继电保护测试仪为例，学习常规继电保护测试仪的基本使用方法，通过掌握的方法模拟各类故障状态，进行简单的保护校验。

（3）以手持式继电保护测试仪为例，学习数字式继电保护测试仪的基本使用方法，通过掌握的方法模拟各类故障状态，进行简单的保护校验。

（4）以 3005A 绝缘测试仪为例，学习数字式绝缘测试仪的基本使用方法，迅速掌握现场二次回路绝缘测试方法。

【知识储备】

一、常用耗材

常用耗材清单见表 2-1。

表 2-1 常用耗材清单

序号	名称	示意图
1	二次插件	
2	继电器	
3	辅助开关	
4	端子排	

续表

序号	名称	示意图
5	空气开关	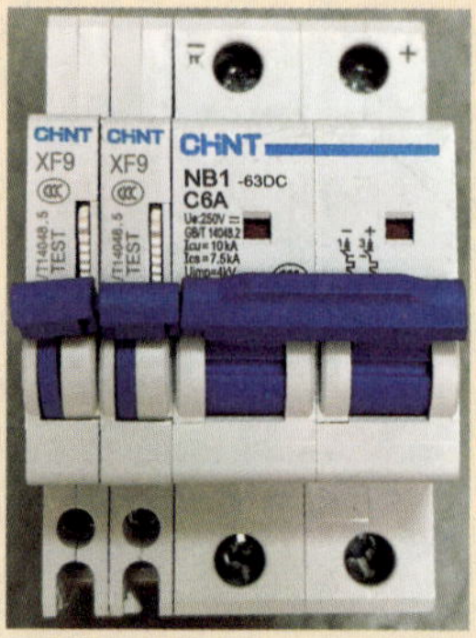
6	绝缘胶布	

二、常用仪器

（一）常用仪器清单

常用仪器清单见表 2-2。

表 2-2　　　　　　　　常用仪器清单

序号	名称	示意图
1	数字式继电保护测试仪	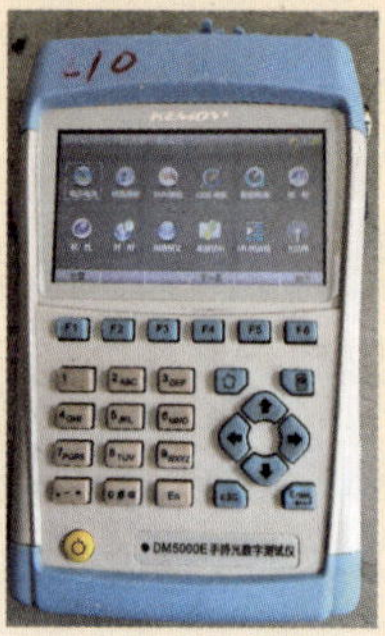

续表

序号	名称	示意图
2	绝缘电阻测试仪	
3	继电保护测试仪	
4	光纤通道测试仪	
5	激光笔	

续表

序号	名称	示意图
6	万用表	
7	保护回路矢量分析仪	

（二）常用仪器用法说明

1. 常规继电保护测试仪的使用

ONLLY 继电保护测试仪的使用见表 2-3。

表 2-3　　　　　　ONLLY 继电保护测试仪的使用

第一步，操作前仪器认识

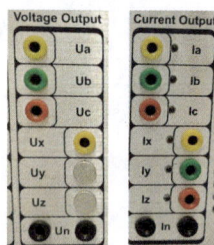

动作描述	示意图
（1）认识交流输出	电流、电压端口

（2）认识直流输出

直流端口

（3）熟悉开关量接口

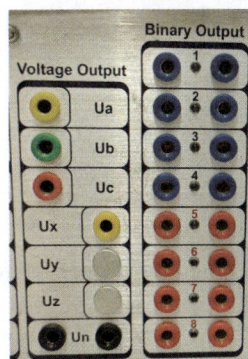

开关量

（4）熟悉其他功能口

其他功能接口（GPS\USB\ 接地）

（5）认识基本操作界面

基本操作界面

第二步，试验接线

动作描述	示意图

（1）根据图纸将需要模拟的电流电压接线接入对应端子排

试验接线图

（2）试验仪器外壳接地

仪器接地

关键要点

（1）检查电流、电压接线相别是否正确，避免电压接线短路。

（2）检查试验仪器接地是否可靠，避免漏电伤人。

（3）更改接线时，确认仪器试验按钮关闭，防止触电

第三步，采样校验

动作描述

通过模拟加量，在保护装置中查看采样情况，确认接线是否正确

示意图

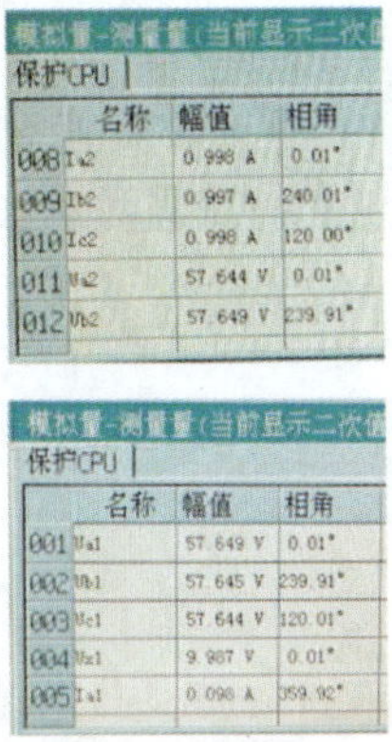

保护装置采样情况

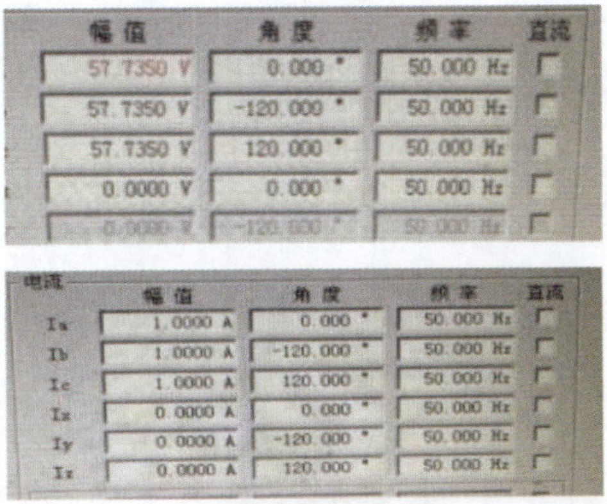

模拟加量（额定）

关键要点

（1）加入三相不对称交流量，可判断接线相别是否正确。

（2）加入三相对称交流量，判断 N 相是否接触良好。

（3）注意加入交流量不宜太大，若此时有接线错误、短路等情况容易损坏仪器

第四步，保护功能校验

动作描述   示意图

（1）模拟 C 相瞬时接地故障状态

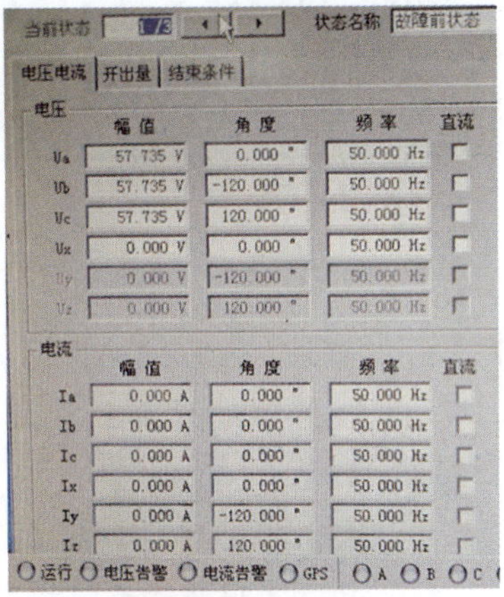

状态序列 1

状态序列 2

状态序列 3

（2）查看保护装置动作报文情况

示意图

保护动作报文

关键要点

（1）通过仪器的故障计算菜单可简便给出 C 相瞬时接地故障的故障量。

（2）瞬时接地故障需要有一个重合闸动作过程，可通过"状态序列"功能实现实际故障状态变化的模拟

第五步，保护功能校验

动作描述	示意图

（1）模拟 C 相瞬时接地故障状态

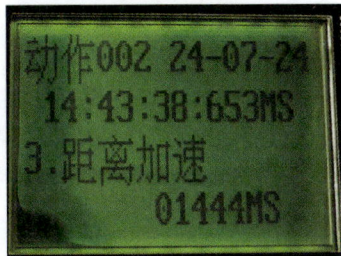

状态序列 4

（2）查看保护装置动作报文情况

保护动作报文（距离加速）

关键要点

（1）通过仪器的故障计划可简便给出 C 相永久接地故障的故障量。

（2）永久接地故障需要有一个重合闸和加速动作过程，可通过"状态序列"功能实现实际故障状态变化的模拟。

（3）永久性接地故障模拟状态序列与 C 相瞬时接地故障状态一致

第六步，整组传动

动作描述

（1）在第四步的基础上，投入开关出口压板模拟保护传动。

（2）仪器接入开关位置节点，测试节点返回时间

示意图

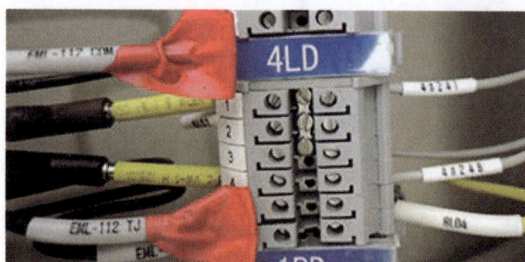

返回节点接线

返回节点界面

关键要点

（1）ONLLY 支持带强电节点接入，但要注意先接仪器侧再接带电端子侧。

（2）有条件时，建议还是使用空节点返回，避免触电和直流接地的发生

2. 数字式继电保护测试仪的使用（以凯默为例）

凯默数字式继电保护测试仪的使用见表2-4。

表 2-4　　　　　凯默数字式继电保护测试仪的使用

第一步，准备 SCD

动作描述

在 SCD 管控系统中下载在运版的 SCD

示意图

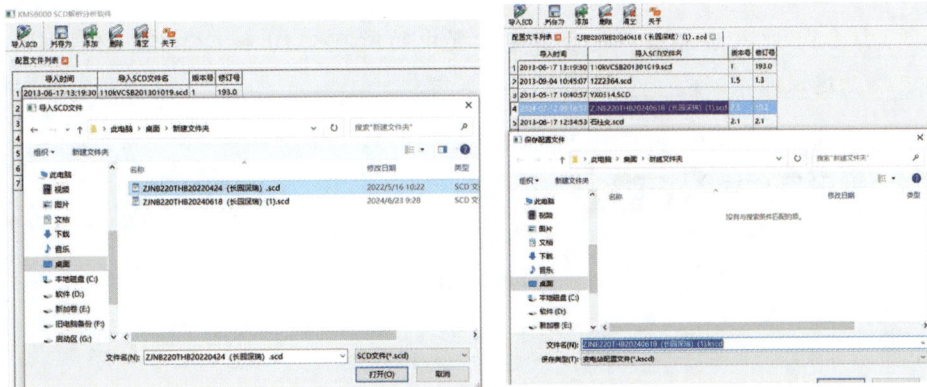

关键要点

（1）各省区使用的 SCD 管控方式可能不同，原则是使用符合现在运行情况的 SCD，否则可能存在校验出错或校验不到位的情况。

（2）其中部分设备需要完成转化

第二步，导入 SCD

动作描述

开机后，在主页面点击 F1 设置，选择全站配置文件。选中全站配置文件的框后，可以按 F1 切换 SD 卡或者内部储存

示意图

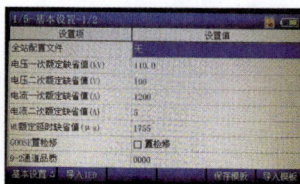

| 仪器主页 | 导入 SCD 界面 | 选择清空 |

关键要点

（1）在导入 SCD 界面中也可点击 F4，选中并查看 SCD 图形化的虚端子。

（2）导入后弹出"是否清空设置中的所有 SMV 和 GOOSE 控制块"，建议选择"是"

第三步，导入 IED

动作描述

（1）点击 F2 导入 IED。

（2）选择目前要测试的装置名称。

（3）点击确认，点击导入本 IED，作为被测对象导入

示意图

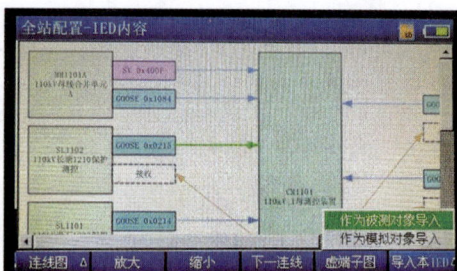

导入 IED　　　　作为被测对象导入

第四步，变比修改，置检修态

动作描述

（1）在页面中修改默认变比。
（2）GOOSE 置检修打勾。
（3）9-2 通道品质，按 F4 置检修，即 0800 状态

示意图

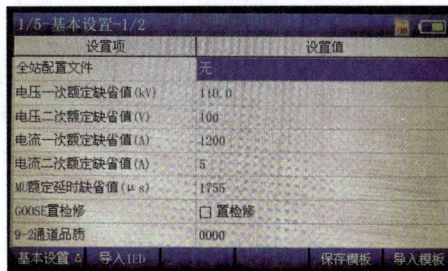

GOOSE/SV 置检修，变比修改

关键要点

此处设置非常重要，变比、检修态是需要反复确认的一个状态，若该设置错误将严重影响后续的调试工作

第五步，SMV 发送设置

动作描述

选择 SMV
（1）按"F1"进入"基本设置"菜单中的"SMV 发送设置"。
（2）进入菜单后点击 F6 清空，然后点击 F2 添加 SMV，选择需要模拟的合并单元。如要加主变中性点采样，就选主变中性点合并单元

示意图

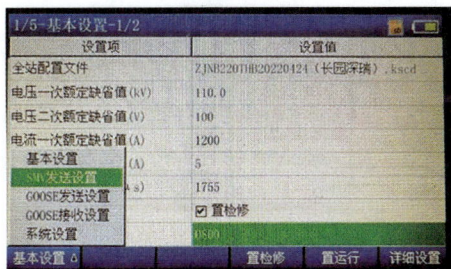

SMV 发送设置

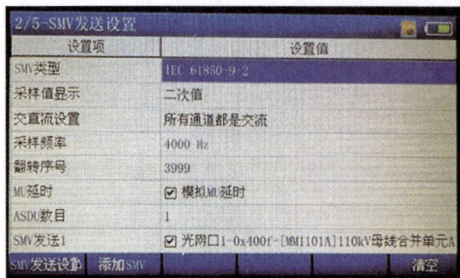

添加 SMV

关键要点

同时模拟多个合并单元时，如主变压器三侧合并单元都需要模拟，可以在添加 SMV 时多选

（1）配置光口。

（2）在对应"SMV 发送"栏中打勾，按 F5 配置光口，根据实际接线配置光口 1–3

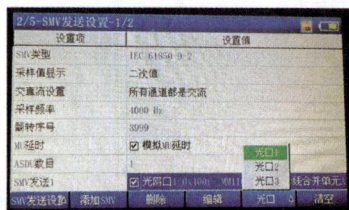

光口选择

（3）改变比及映射。

1）在对应"SMV 发送"栏中，按 F4 编辑，可以编辑所选 SMV 控制块的参数和通道参数。

2）进入编辑菜单后通过 F1 按钮。

3）切换到控制块的参数和通道参数。

4）在通道参数中可进行对应通道的映射和变比设置

变比设置

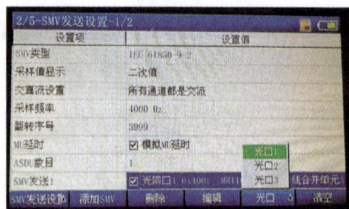

通道映射

关键要点

控制块参数一般是查看不编辑，主要是对通道参数的映射

第六步，GOOSE 发送设置

动作描述

（1）GOOSE 发送设置方法与 SMV 类似，通过添加 GOOSE，编辑光口，修改通道参数，配置映射来完成配置。

（2）如需要在某一状态发出 A 相断路器合位，需要映射 A 相断路器位置为 DO1，并在相应的试验界面中对 DO1 进行置位，即可完成 A 相断路器合位输出

示意图

GOOSE 发送设置

GOOSE 控制块参数设置

通道设置

关键要点

映射 GOOSE 开关量可多通道映射，可用 D01/D02/D03 分别映射多个开关量

第七步，GOOSE 接收设置

动作描述

（1）添加 GOOSE 接收，可以通过"基本设置"→"GOOSE 接收设置"→"添加"操作。

（2）在添加界面选择对应的装置之后，可通过 F4 通道列表进行开入量映射，映射完毕后在试验界面可以看到映射之后的 DI1、DI2 等状态

示意图

IED 导入

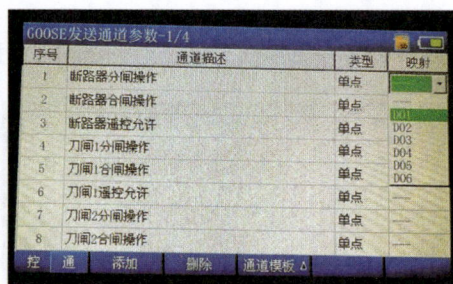

节点映射

第八步，回到主界面进行试验

动作描述

（1）配置完毕后，进入各功能菜单进行 SMV/GOOSE 的加量模拟，其中最常用的是电压电流、状态序列模块。

（2）电压电流、状态序列模块界面类似常规试验仪器的手动加量和状态序列菜单

示意图

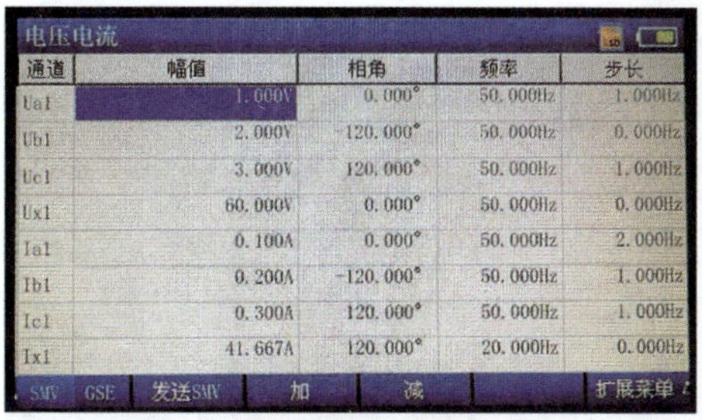

电压电流菜单

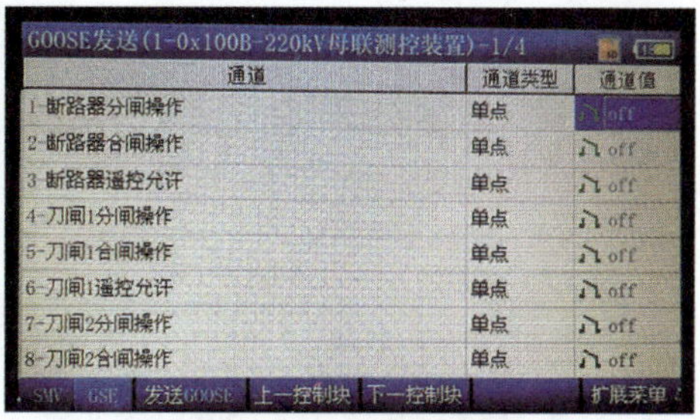

GOOSE 发送置位

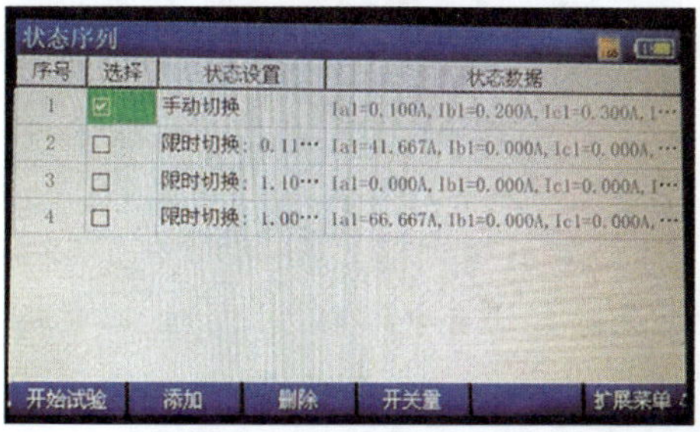

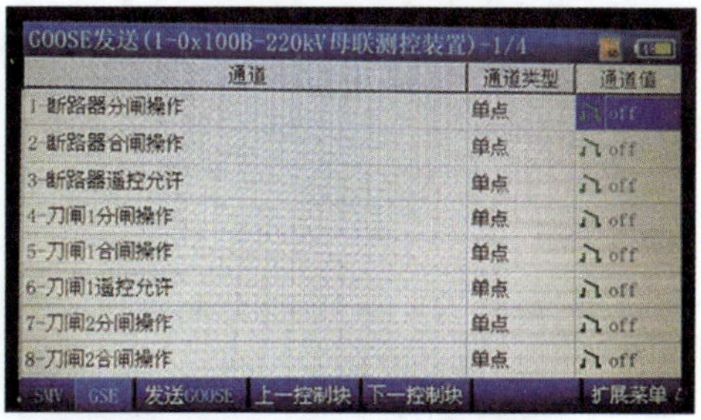

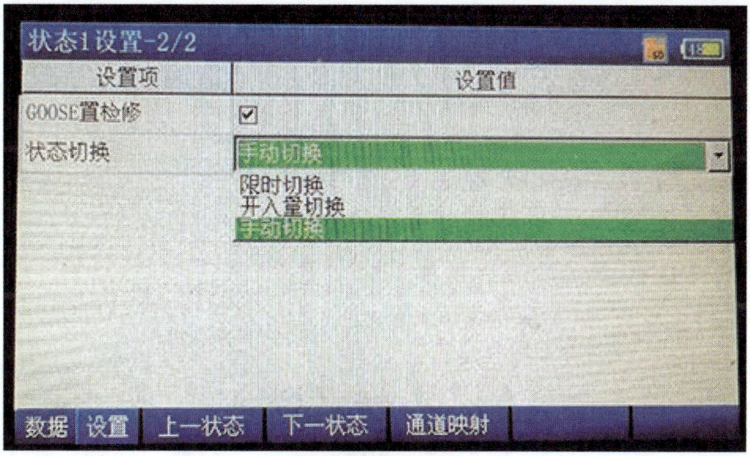

状态序列菜单

关键要点

凯默数字式测试仪在进入采样量模拟界面时的密码为 654321 或为空

第九步，回到主界面进行试验

动作描述	示意图
凯默手持式数字测试仪还有几个实用功能模块：SMV 接收、GOOSE 接收、光功率等	 其他模块图

关键要点
SMV/GOOSE 报文和光功率模块常用于智能变电站 IED 之间链路中断的处理

3. 数字式绝缘测试仪的使用

数字式绝缘测试仪的使用见表 2-5。

表 2-5　　　　　　　　数字式绝缘测试仪的使用

第一步，检查接线

动作描述	示意图
将 L 线端钮接被测设备、二次回路、端子等导体，E 地端钮接地设备外壳	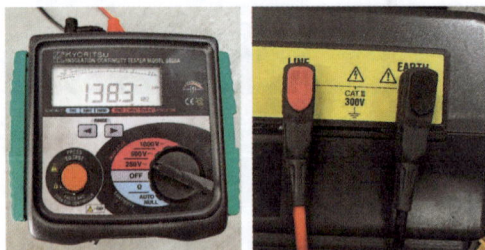 仪器正面开启状态　　　接线特写

关键要点

（1）测试前，两表笔对地短接，以确定接地良好，检测绝缘电阻表功能是否正常。

（2）测试前，使用万用表对被测回路进行电压测量，确定没电后方可测量，不准对带电回路进行测量。

（3）数字式绝缘测试仪测试二次回路的绝缘电阻时，L 端和 E 端切忌接反

第二步，调整档位

动作描述	示意图
该测试仪的档位分别为 1000V、500V、250V，另外，还具备测量电阻值的电阻档和自动档	 档位

关键要点

档位选择应根据不同的专业要求和回路功能性质而定，部分弱电回路不可用超出规范的电压进行测试，容易造成回路元件击穿、损坏

第三步，量程选择

动作描述	示意图
通过 RANGE 按钮，根据现场工作需求选择对应的量程（20MΩ、200MΩ、2000MΩ），液晶屏幕下方倒三角指向即当前量程	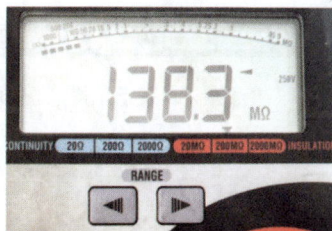 量程（当前量程 200MΩ）

第四步，开启测量

动作描述

按下旋钮开始测试，顺时针可锁定，逆时针解除锁定

示意图

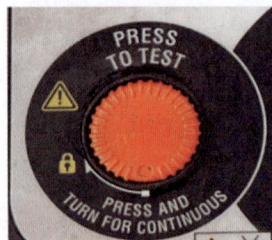

试验按钮

关键要点

注意在确认试验接线正确，被测回路或设备上的工作人员已撤离后，才可按下旋钮，进行测试

第五步，根据测试结果判断二次回路绝缘情况

动作描述

按照相关标准，确认二次回路绝缘是否良好

示意图

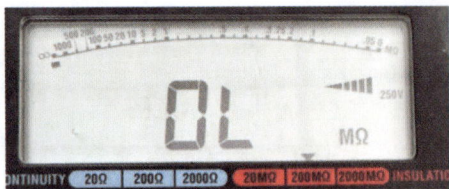

显示 OL 表示绝缘超出量程

显示 0.0MΩ 表示绝缘击穿

关键要点

（1）注意记录具体绝缘测试数据，用于后续分析；

（2）回路绝缘测完后，要及时对回路放电

【知识小结】

（1）目前国内市场多款常规继电保护测试仪均具备较为全面的继电保护测试功能，能基本满足业务需求，学会 ONLLY 仪器的使用，其他常规测试仪的使用也基本类似。在使用过程中需要注意装置的基本保养和使用规范，如：仪器外壳必须接地良好，是有效预防人体触电伤亡的安全措施；设备接入电源时需接有漏电保护的插座电源。

（2）数字式继电保护测试仪还具备其他多种功能：

1）支持网络报文侦听，可侦听网络上报文信息，可通过扫描侦听网络报文信息完成测试配置；

2）支持 SMV、GOOSE 及 IEEE1588 报文监测，可对报文进行丢帧统计、报文抖动分析，具有遥信、遥测量监测功能，遥测量可采用表格、波形、矢量图、序量等方式进行监测；

3）具有 MU 传输延时及 GOOSE 发送机制测试功能，可校核 SMV 报文中互感器至 MU 输出的延时参数，并可测量 GOOSE 的 T0、T1、T2 时间；

4）具有智能终端动作延时测试功能，配有一对快速开入/开出硬接点，可测量智能终端的 GOOSE 硬接点、硬接点 GOOSE 动作延时；

5）具有光功率测试功能，可实时在线测量 3 对光以太网口接收和发送 IEC61850-9-1/2 SV、GOOSE 报文的光功率；

（3）综合检修时对二次回路的绝缘测试技术要求和数据合格标准可参考 DL/T 995—2016《继电保护和电网安全自动装置检验规程》的 5.3.2.4：定期检验时，在保护屏柜的端子排处将所有电流、电压、直流控制回路的端子的外部接线拆除，并将电压、电流回路的接地点拆开，用 1000V 绝缘电阻表测量回路对地的绝缘电阻，其绝缘电阻应大于 $1M\Omega$。

【思考与练习】

问题一　如何使用 ONLLY 仪器模拟瞬间 A 相接地故障？

问题二　整组传动试验如何做？做整组传动试验时需要注意哪几个关键点？

问题三　如何通过数字式继电保护测试仪模拟测控发 GOOSE 遥控合闸报文给智能终端？

问题四　数字式继电保护测试仪中 GOOSE、SV 检修标志在哪个界面配置？

问题五　为什么要进行绝缘电阻测试试验？

问题六　定检时，二次回路的绝缘测试如何执行？合格标准是什么？

能力模块 二 三种综合检修典型停电方式下的二次作业

模块概说

继电保护、自动化作为综合检修作业中二次工作部分的核心专业，其中专业人员的技能水平和综合检修作业的检修质量与检修过程中的设备、人身的生产安全有极高的关联度。

本模块通过对综合检修中继电保护、自动化有关流程、专业知识、技术原理的介绍，让学习者了解综合检修作业中继电保护、自动化专业人员需要满足的基本能力要求，熟练掌握各项工作的标准化流程、技术实战经验。

模块目标

知识目标

- 了解 GIS 变电站典型保护配置方案。
- 掌握 GIS 变电站典型通信网络结构。
- 掌握 GIS 三种典型停电方式下的基本检修思路。
- 掌握 GIS 综合检修中的标准化校验执行流程。

能力目标

- 能够熟练掌握 GIS 变电站典型保护配置、GIS 变电站典型通信网络结构，应用到综合检修方案编制过程中。
- 能够熟悉和理解 GIS 三种典型停电方式下的检修思路，熟练应用到现场的继电保护、自动化检修工作中。
- 能够理解掌握 GIS 综合检修中的二次专业标准化作业流程，规范效率地完成综合检修二次工作。

【任务目标】

以 220kV 双母线 4 回线路、2 台主变压器、110kV 单母分段 8 回线路、35kV 单母分段 8 回线路、2 台所用变压器、4 台电容器的一次接线模型为例，熟悉 220kV GIS 变电站的典型保护配置方案，如图 3-1 所示。

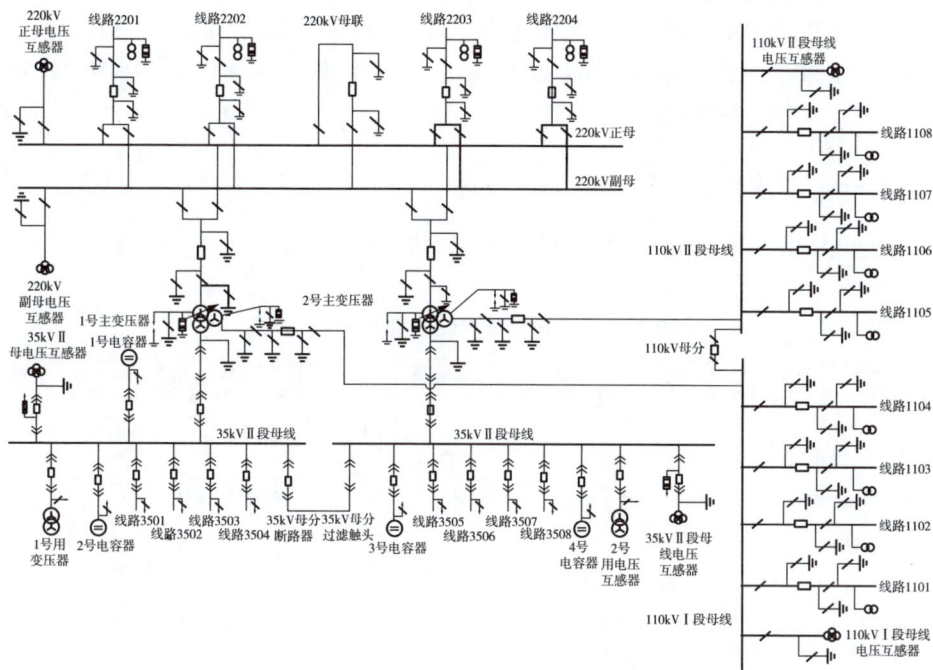

图 3-1　启航变电站主接线图

【任务描述】

作为一个继电保护工作人员，从事 220kV GIS 变电站的二次检修工作前，首要任务即是了解所要检修对象的基本情况，也就是变电站保护配置情况。本任务主要介绍 220kV GIS 变电站内对应每个一次元件，继电保护配备了哪些二次设备，它们具备什么样的保护功能，又采用了何种安装和网络连接方式等知识。

【操作指南】

本任务为纯理论知识，无具体操作环节。

【任务正文】

一、典型组屏方案

220kV GIS 变电站二次设备典型保护组屏方案按照本书中所提供的典型一次接线，220kV 为双母线接线，110kV 为单母线分段接线，35kV 为单母线分段接线。

全站 220V DC，电流互感器（TA）二次额定电流为 1A，屏柜尺寸为 2260mm×800mm×600mm，颜色编号为 Z44，左门轴。表格中 A、B 网交换机为 220kV 过程层交换机，C、D 网交换机为 110kV 过程层交换机。

（一）二次设备室

220kV GIS 变电站二次设备室典型组屏方案见表 3-1。

表 3-1　　　　　220kV GIS 变电站二次设备室典型组屏方案

柜体名称	数量	每面屏设备名称与数量
220kV 变压器保护 A 柜	2 面	主变压器第一套保护 ×1
		A 网交换机 ×1
		C 网交换机 ×1
220kV 变压器保护 B 柜	2 面	主变压器第二套保护 ×1
		B 网交换机 ×1
		D 网交换机 ×1
220kV 母线保护 A 柜	1 面	220kV 母线第一套保护 ×1
		A 网中心交换机 ×2
220kV 母线保护 B 柜	1 面	220kV 母线第二套保护 ×1
		B 网中心交换机 ×2

续表

柜体名称	数量	每面屏设备名称与数量
110kV 母线保护柜	1 面	110kV 母线保护 ×1
		110kV 中心交换机 ×3
35kV 母线保护柜	1 面	35kV 母线保护 ×1
35kV 母线大电流试验柜	1 面	—
220kV 主变压器故障录波屏	1 面	动态记录装置 ×2
220kV 故障录波屏	1 面	动态记录装置 ×2
110kV 故障录波屏	1 面	动态记录装置 ×1
220kV 线路保护复用通道接口柜	1 面	复用通道接口装置 A×4
		复用通道接口装置 B×4

（二）220kV GIS 智能控制柜

220kV GIS 变电站 220kV GIS 室典型组柜方案见表 3-2。

表 3-2　　　　220kV GIS 变电站 220kV GIS 室典型组柜方案

间隔名称	数量	每面屏设备名称与数量
220kV 线路智能控制 A 柜	4 面	220kV 线路第一套保护 ×1
		220kV 线路第一套合并单元 ×1
		220kV 线路第一套智能终端 ×1
		220kV 线路 A 网交换机 ×1
		220kV 线路测控装置 ×1
220kV 线路智能控制 B 柜	4 面	220kV 线路第二套保护 ×1
		220kV 线路第二套合并单元 ×1
		220kV 线路第二套智能终端 ×1
		220kV 线路 B 网交换机 ×1
		电能表 ×1

间隔名称	数量	每面屏设备名称与数量
220kV 母联（分）智能控制 A 柜	1 面	220kV 母联第一套保护 ×1
		220kV 母联第一套合并单元 ×1
		220kV 母联第一套智能终端 ×1
		220kV 母联 A 网交换机 ×1
		220kV 母联测控装置 ×1
220kV 母联（分）智能控制 B 柜	1 面	220kV 母联第二套保护 ×1
		220kV 母联第二套合并单元 ×1
		220kV 母联第二套智能终端 ×1
		220kV 母联 B 网交换机 ×1
220kV 正母线智能控制柜	1 面	220kV 正母测控装置 ×1
		220kV 正母智能终端 ×1
		220kV 第一套母设合并单元 ×1
		220kV 间隔层交换机 ×2
220kV 副母线智能控制柜	1 面	220kV 副母测控装置 ×1
		220kV 副母智能终端 ×1
		220kV 第二套母设合并单元 ×1
		220kV 间隔层交换机 ×2
220kV 主变压器智能控制 A 柜	2 面	主变压器高压侧第一套智能终端 ×1
		主变压器高压侧第一套合并单元 ×1
220kV 主变压器智能控制 B 柜	2 面	主变压器高压侧第二套智能终端 ×1
		主变压器高压侧第二套合并单元 ×1
直流分电屏	2 面	—

（三）110kV GIS 智能控制柜

220kV GIS 变电站 110kV GIS 室典型组柜方案见表 3-3。

表 3-3　　　　　　220kV GIS 变电站 110kVGIS 室典型组柜方案

间隔名称	数量	每面屏设备名称与数量
110kV 线路智能控制柜	8 面	110kV 线路保测装置 ×1
		110kV 线路合智一体装置 ×1
		电能表 ×1
110kV 母分智能控制柜	1 面	110kV 母分保测装置 ×1
		110kV 母分合智一体装置 ×1
110kV Ⅰ 段母线智能控制柜	1 面	110kV Ⅰ 母测控装置 ×1
		110kV Ⅰ 母智能终端 ×1
		110kV 第一套母设合并单元 ×1
110kV Ⅱ 段母线智能控制柜	1 面	110kV Ⅱ 母测控装置 ×1
		110kV Ⅱ 母智能终端 ×1
		110kV 第二套母设合并单元 ×1
110kV 主变压器智能控制 A 柜	2 面	主变压器中压侧第一套智能终端 ×1
		主变压器中压侧第一套合并单元 ×1
		C 网交换机 ×1
110kV 主变压器智能控制 B 柜	2 面	主变压器中压侧第二套智能终端 ×1
		主变压器中压侧第二套合并单元 ×1
		D 网交换机 ×1
110kV 交换机屏	1 面	110kV 过程层交换机 ×4 110kV 间隔层交换机 ×2
直流分电屏	1 面	—

（四）主变压器本体智能控制柜

220kV GIS 变电站主变压器室典型组柜方案见表 3-4。

表 3-4　　　　　220kV GIS 变电站主变压器室典型组柜方案

间隔名称	数量	每面柜设备名称与数量
主变压器本体智能控制柜	2 面	本体智能终端（含非电量保护）×1
		第一套中性点合并单元 ×1
		第二套中性点合并单元 ×1

（五）35kV 开关室

220kV GIS 变电站 35kV 开关室典型组柜方案见表 3-5。

表 3-5　　　　　220kV GIS 变电站 35kV 开关室典型组柜方案

间隔名称	数量	设备名称
35kV 出线	8 套	35kV 线路保护测控合一装置
35kV 电容器	4 套	35kV 电容器保护测控合一装置
35kV 接地变压器	2 套	35kV 接地变压器保护测控合一装置
35kV 分段开关	1 套	35kV 分段保护测控装置
35kV 备自投	1 套	35kV 备自投装置
35kV 母线测控	2 台	35kV 母线测控装置
35kV 电压并列	1 套	35kV 电压并列切换装置
主变压器 35kV 间隔	2 个	主变压器低压侧第一套合智一体 ×1
		主变压器低压侧第二套合智一体 ×1
35kV 间隔层交换机	1 面	35kV 间隔层交换机 ×3

二、保护配置、设计原则

（一）双重化原则

（1）为防止装置家族性缺陷可能导致的双重化配置的两套继电保护装置同时拒动的问题，双重化配置的线路、变压器、母线等保护装置应采用不同生产厂家的产品。

（2）继电保护装置采用双重化配置时，对应的过程层网络亦应双重化配置，第一套保护接入 A 网，第二套保护接入 B 网，双网应无交叉或跨接。

（3）双重化配置的两套保护，跳闸回路应与两个智能终端分别一一对应，两个智能终端应与断路器的两个跳闸线圈分别一一对应。两套保护装置的交流电流应分别取自电流互感器互相独立的绕组；交流电压应分别取自电压互感器互相独立的绕组。

（4）双重化配置的两套保护装置与其他保护、设备配合的回路应遵循相互独立的原则，应保证每一套保护装置与其他相关装置（如通道、失灵保护）联络关系的正确性，防止因交叉停用导致保护功能缺失。

（5）220kV 及以上电压等级线路按双重化配置的两套保护装置的通道应遵循相互独立的原则。220kV 线路光纤差动保护，两套均采用双通道模式，安排 4 条线路保护通信传输通道。第一套和第二套线路保护 A 口采用专用纤芯保护通道；第一套和第二套线路保护 B 口采用复用 2M 通道。保护装置及通信设备电源配置时应注意防止单组直流电源系统异常导致双重化快速保护同时失去作用的问题。

（6）当保护采用双重化配置时，其电压切换箱（回路）隔离开关辅助触点应采用单位置输入方式。单套配置保护的电压切换箱（回路）隔离开关辅助触点应采用双位置输入方式。电压切换直流电源与对应保护装置直流电源取自同一段直流母线且共用直流空气开关。

（7）保护用直流系统的馈出网络应采用辐射状供电方式，运行中严禁采用环状供电方式。双重化配置的两套保护及其相关设备（合并单元、智能终端的装置电源与控制电源、网络设备、跳闸线圈等）的直流电源应一一对应，每套系统的直流电源应相互独立，取自不同蓄电池组供电的直流母线段。同一系统的设备装置电源、断路器操作电源应分别由直流屏独立的直流空气开关供电。

（二）个别设备技术原则

（1）每台交换机的光纤接入数量不应超过 16 对，并配置适量的备用端口。

（2）智能终端应具有跳合闸自保持功能。智能终端跳闸出口，自收到 GOOSE 命令到出口继电器触点动作的时间不应大于 5ms。断路器分相位置、刀闸位置应采用 GOOSE 直传双点信息。遥合（手合）、低气压闭锁重合等其他遥信信息应采用 GOOSE 直传单点信息。

（3）合并单元采样值传输与 SV 级联均应采用 9-2 协议。

（三）与断路器配合的相关回路设计原则

（1）智能终端仅接入压力低闭锁重合闸回路，压力异常闭锁分合闸回路由机构本体（220kV 与 110kV 断路器）实现。

（2）220kV 断路器的压力闭锁继电器应双重化配置，断路器机构应具备独立的两套分合闸压力异常闭锁回路，直流电源分别取第一、第二组直流电源。

（3）220kV 断路器机构压力低（弹簧未储能）闭锁重合闸回路：断路器机构应提供两付独立的接点，智能终端生成"压力低（弹簧未储能）"GOOSE 信号分别接入第一、第二套保护装置的"压力低闭重"GOOSE 开入。

（4）220kV 断路器两组直流操作电源必须完全独立，不得存在窜接现象。

（5）防跳功能由断路器机构实现，智能终端防跳回路取消。

（6）三相不一致跳闸功能由断路器本体实现。

（7）跳位监视回路应接入断路器机构回路的指定位置，不应与合闸回路并接。

（8）智能终端应具备隔离开关电机电源遥控、线路电压互感器（TV）空气开关遥控的功能。

【知识小结】

根据《国家电网有限公司十八项电网重大反事故措施（修订版）》（国家电网设备〔2018〕979 号）、Q/GDW 1161—2014《线路保护及辅助装置标准化设计规范》、Q/GDW 1175—2013《变压器、高压并联电抗器和母线保护及辅助装置标准化设计规范》、Q/GDW 11486—2015《智能变电站继电保护和安全自动装置验收规范》、Q/GDW 10976—2017《电力系统动态记录装置技术规范》等相关标准、规范的要求，220kV GIS 站二次设备的配置、组屏以及回路设计要求应满足上述规范的要求。

另外，现场投运装置应为通过国家电网公司专业检测的装置，投运装置的各项信息应与国家电网有限公司正式发布的合格产品公告中对应装置的备案发布信息完全一致。为保证智能变电站二次设备可靠运行、运维高效，合并单元、智能终端、过程层交换机应采用通过国家电网有限公司组织的专业检测的产品，合并单元、智能终端应选用与对应保护装置同厂家的产品。

【思考与练习】

问题一　220kV 及以上电压等级线路按双重化配置的两套保护装置的通道应遵循什么原则？

问题二　220kV GIS 站中应用的智能终端的跳合闸功能和遥信节点应满足怎么样的要求？

任务4　熟悉220kV GIS变电站典型通信网络结构

【任务目标】

熟悉220kV GIS变电站各个智能设备之间的典型通信网络结构。

【任务描述】

在了解220kV GIS变电站保护配置情况后，学员需要进一步了解各保护装置及智能设备之间的通信方式。本任务主要介绍220kV GIS变电站内各智能设备之间通过何种方式交互，有哪几个典型的网络结构。本任务内容可帮助各学员进行综合检修思路、安全措施执行、消缺定位方法学习，掌握典型通信网络结构，方能有效开展后续学习。

【知识储备】

一、三层两网的基本概念

近年来新建的220kV GIS变电站基本参照智能变电站模型建造，其网络结构遵守IEC 61850《电力系统自动化领域的全球通用标准》，按分层分布式结构配置，分为过程层、间隔层和站控层。

智能变电站按通信网络划分，可以划分成两层通信网络，分别是过程层网络和站控层网络。如图4-1所示，形象地绘制了一个标准地智能变电站网络分层分布结构图。

（1）过程层设备：包括变压器、断路器、隔离开关、互感器等一次设备所属智能终端和合并单元等智能电子设备，实现一次设备的测量信息、设备状态信息的采集和传送，接受并执行各种操作与控制命令。

（2）站控层设备：包括监控系统主机、远动系统、保护信息子站、通信系统、对时系统等；实现全站设备的监视、控制、告警及信息交互功能，完成监控系统、操作闭锁、保护信息管理等相关功能。

（3）间隔层设备：包括继电保护装置、测控装置、计量表计等；间隔层设备通过过程层网络采集过程层设备信息，并通过站控层网络传送给站控层设

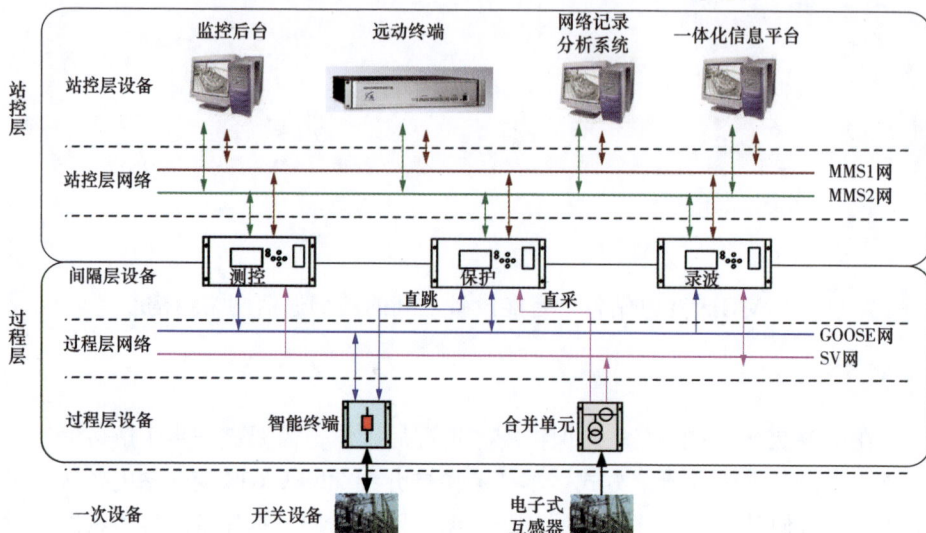

图 4-1　三层两网基本模型

备，同时通过站控层网络接收站控层的控制指令并下发给过程层设备。

（4）过程层网络：为实现电网设备运行信息的采集转换，智能变电站内采用合并单元、智能终端等装置作为接口，完成模拟量、开关量信息与IEC61850报文间的转换功能，这些实现规约转换的设备称为过程层设备，相应的信息传输网络称为过程层网络。

（5）站控层网络：为实现电网设备厂站对上纵向贯通主站系统，对下连接变电站间隔层设备，将监控主机、数据通信网关机、数据服务器、保护信息子站数据网络打通，进而实现统一采集、统一存储及统一建模，实现变电站实时数据的全景检测、自动运行控制、高级应用互动功能的网络被称为站控层网络。

二、调度数据网

调度数据网结构大多是各省针对不同调度业务要求，单独进行设计和定制开发的，故不介绍某个非典型调度数据网。本部分主要介绍新型智能电网调度系统。

新型智能电网调度系统模型采用省、地、县三级调度智能电网调度系统结构（见图4-2），横向实现实时监控与预警、安全校核、调度计划和调度管理等应用。通过四大块应用达成数据网和信息系统的交互，实现主、备调之间各类应用功能的协调运行以及主、备调系统维护与数据的同步；纵向上，该系统通过基础平台实现各级调度系统间的一体化运行和模型、数据、画面的源端维护与系统共享。调度数据网双平设计，实现厂站与调度中心之间、各调度中心之间的数据采集和交互。

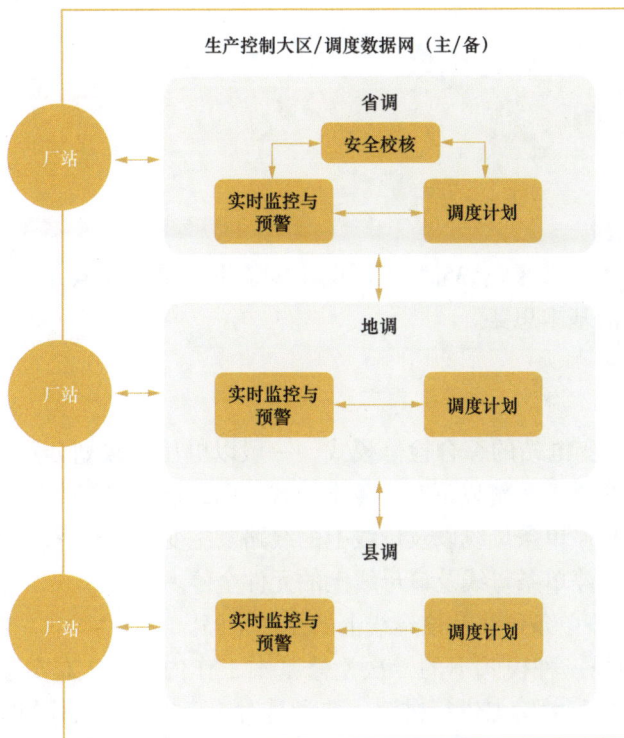

图 4-2　调度数据网功能示意图

　　备调系统的主要功能与主调系统相同，形成互为备用的结构。地县调在业务上与省调类似，但在功能上根据需求缩减不必要的功能需求。在建设中，省、地、县调度系统仍采用一体化模式进行建设。

【知识小结】

　　220kV 智能变电站中，网络作为信息传递的主要方式，其重要程度已不言而喻，直接关系到变电站能否正常运行、监控，甚至关系到继电保护功能的正确性。学员掌握典型通信网络结构，有助于进一步理解变电站内设备之间的沟通模式，有利于缺陷定位和分析，也有助于在综合检修中精准地将检修设备从运行网络中隔离。

【思考与练习】

问题一　三层两网指的哪三层、哪两网？智能终端、保护装置、后台监控分别属于哪一层？接入什么网？

问题二　调度数据网路中备调的作用是什么？

任务5　三种典型停电方式下的综合检修思路

【任务目标】

了解 220kV、110kV、35kV 不同电压等级下、不同停电方式下的综合检修二次工作部分的基本思路。

【任务描述】

220kV GIS 变电站的综合检修模式，一般以电压等级划分停电模式，本任务主要带领学员学习了解以下三种停电模式下的二次检修工作思路：

（1）220kV 停单条母线以及母线上的线路及主变压器轮停。

（2）110kV 停单条母线及该母线上的元件全停。

（3）35kV 停单条母线及该母线上的元件全停。

本任务围绕三种模式下的二次检修基本工作内容、人员分组原则、特殊危险点及安措执行关键点进行讲解，使学员对综合检修二次检修工作建立宏观认识。

【知识储备】

一、启航变电站综合检修典型停电图

启航变电站 220kV 综合检修典型停电图见图 5-1~ 图 5-3。

二、基本工作内容

三种停电方式下的综合检修基本工作内容见表 5-1。

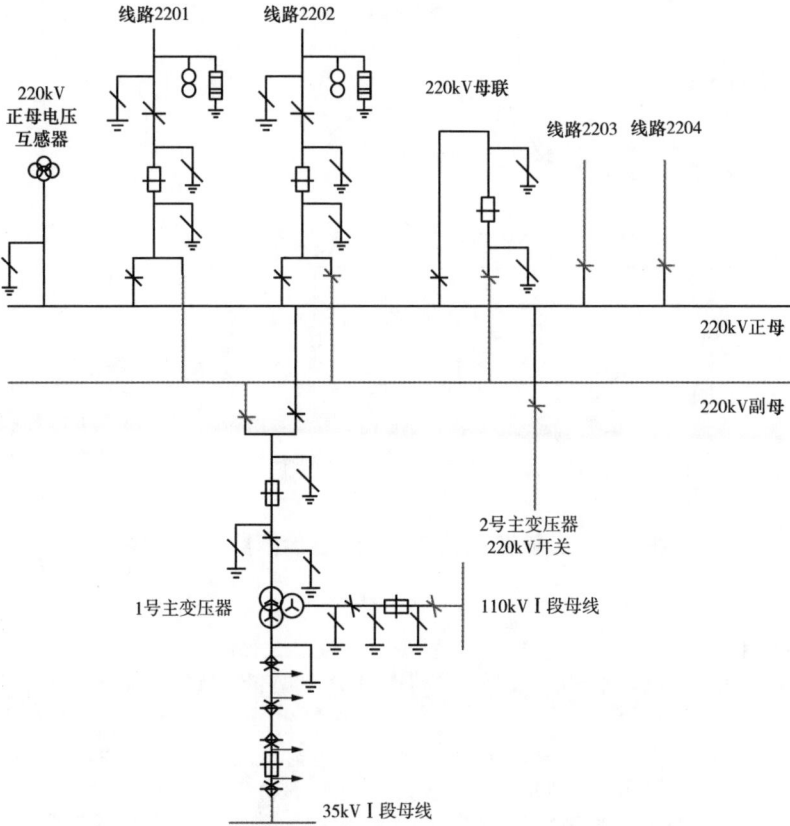

图 5-1 启航变电站 220kV 综合检修典型停电图

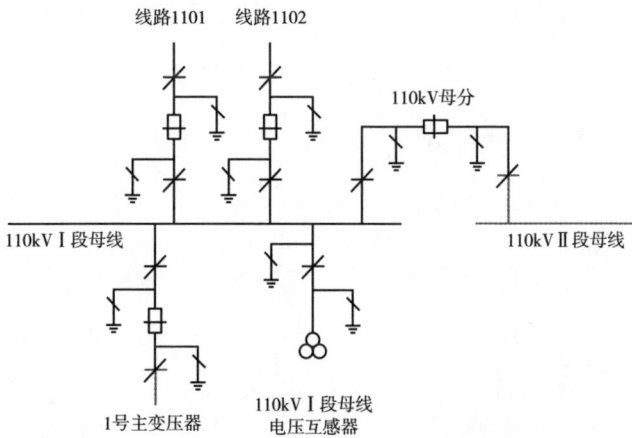

图 5-2 启航变电站 110kV 综合检修典型停电图

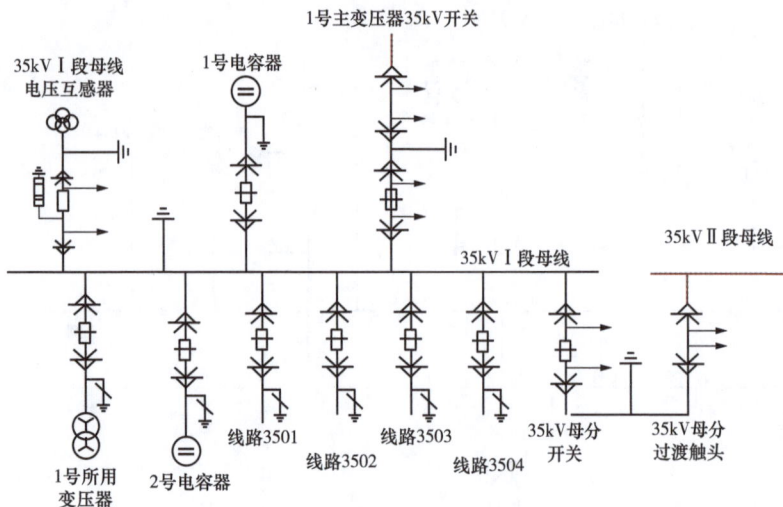

图 5-3　启航变电站 35kV 综合检修典型停电图

表 5-1　　　　　　　　三种停电方式下的综合检修基本工作内容

停电模式	工作内容
220kV 停单条母线以及母线上的线路及主变压器轮停	完成对停役线路间隔、主变压器间隔、220kV 正母 / 副母电压互感器间隔、220kV 母联间隔二次设备的检查、维护及校验工作。 （1）220kV 线路保护装置、合并单元采样检查、智能终端调试以及联动试验； （2）220kV 主变压器保护装置、主变压器三侧及本体合并单元采样检查、主变压器三侧及本体智能终端调试以及联动试验； （3）220kV 母联保护装置、合并单元采样检查、智能终端调试以及联动试验； （4）220kV 正母 / 副母电压互感器合并单元部分回路、智能终端检查； （5）信号核对； （6）其他消缺等配合工作
110kV 停单条母线及该母线上的元件全停	完成对停役 110kV 线路、110kV 母分、110kV Ⅰ / Ⅱ 段电压互感器间隔二次设备的检查、维护及校验工作。 （1）110kV 线路保护装置、合并单元采样检查、智能终端调试以及联动试验； （2）110kV 母分保护装置、合并单元采样检查、智能终端调试以及联动试验； （3）110kV 电压互感器合并单元部分回路、智能终端检查； （4）信号核对； （5）其他消缺等配合工作

续表

停电模式	工作内容
35kV 停单条母线及该母线上的元件全停	完成对停役线路间隔、电容器间隔、电抗器间隔、35kV 母联间隔二次设备的检查、维护及校验工作。 （1）35kV 线路保护装置、35kV 电容器保护装置、35kV 电抗器保护装置调试以及联动试验； （2）35kV 母分保护装置调试以及联动试验； （3）35kV 备自投保护装置校验及联动试验； （4）信号核对； （5）其他消缺等配合工作

三、人员分组原则

（1）无重复检修工作。

（2）指定分摊负责人带领开展各组工作。分摊负责人对本摊作业进度及安全风险进行管控，并与其余分摊负责人沟通配合。

（3）专业负责人完成与检修总负责人的对接工作，负责各专业间沟通。

四、特殊危险点及安措关键点

三种停电方式下的综合检修特殊危险点及安措关键点见表 5-2。

表 5-2　　三种停电方式下的综合检修特殊危险点及安措关键点

停电模式	特殊危险点及安措关键点
220kV 停单条母线以及母线上的线路及主变压器轮停	工作许可过程中，应确认 220kV 母线保护装置内停役间隔 SV 接收压板、失灵 GOOSE 接收软压板已退出，防止校验工作影响运行设备；电压互感器间隔内有运行母线电压二次回路，严禁误碰；断开主变压器保护至运行母分开关及 35kV 备自投装置的回路，确认对应 GOOSE 压板已退出，防止误动作
110kV 停单条母线及该母线上的元件全停	工作许可过程中，应确认 110kV 母线保护装置内停役间隔 SV 接收压板已退出，防止校验工作影响运行设备；电压互感器间隔内有运行母线电压二次回路，严禁误碰
35kV 停单条母线及该母线上的元件全停	备自投装置涉及运行主变压器，确认装置内跳运行主变压器开关的 GOOSE 发送软压板退出，相关联跳回路光纤应拔出并做好标记。35kV 并列装置所在的开关柜继保舱内存在运行的母线电压二次回路，做好带电端子的绝缘隔离

【知识小结】

　　三种典型停电方式下的二次检修工作思路各有不同。结合停役设备状态，首先应全面分析工作，做到内容无遗漏，步骤符合规范；其次，要全面分析工作危险点，重点关注涉及运行设备的回路，在所有安措执行到位后再开展工作。成员分组应符合人员实际情况，以点带面，推进工作按时完成。

【思考与练习】

　　问题一　定期检验分为（　　　　）。（多选题）

　　A. 全部检验　　　　　　　　　　　　B. 部分检验

　　C. 用装置进行断路器跳合闸检验　　　D. 带负荷试验

　　问题二　哪些设备由继电保护人员维护和检验（　　　）。（多选题）

　　A. 继电保护装置　　B. 安全自动装置　　C. 二次回路　　D. 继电器

　　问题三　220kV 停单条母线以及母线上的线路及主变压器轮停主要危险点和安全措施有哪些？

任务6　三种典型停电方式下的二次安措执行思路

【任务目标】

　　掌握 220kV、110kV、35kV 不同电压等级下、不同停电方式下的二次工作安措执行思路。

【任务描述】

　　安措执行是保障现场设备安全运行的第一道防线。学员通过本任务可以学习三种典型停电方式下二次安措执行的基本思路，明确执行安措的基本流程，认识三者之间的异同，明白执行安措的内在逻辑。熟悉三种典型停电方式下的继电保护作业安措实施流程、内容及管控要求，掌握安措执行总体思路和方法，提高继电保护定期检验现场安措的规范性和可靠性，防范继电保护"三误"事件。

【操作指南】

一、停电方式

220kV 停单条母线、110kV 停单条母线、35kV 停单条母线的三种停电方式参考任务 8 相关内容。

二、二次安措执行思路及步骤

二次安措执行思路以及不同停电方式下的异同见表 6-1。

表 6-1　二次安措执行思路以及不同停电方式下的异同

第一步，记录监控后台原始状态

动作描述	示意图
通过拍照手段记录监控后台机上各停役间隔的信号状态	后台间隔信号图

关键要点
在各设备操作完毕，工作票许可后记录

重点提示
易犯错误：容易遗漏公共信号，如公用测控、二维链路表等界面

第二步，记录待校装置原始状态

动作描述

拍照记录装置信息，包括压板、把手、空气开关状态

示意图

屏柜正面

装置空气开关原始状态

关键要点
在各设备操作完毕，工作票许可后记录

重点提示
易犯错误：遗漏，如软压板状态、其他控制字等

第三步，执行检修机制隔离

动作描述

投入被检修设备的检修硬压板

示意图

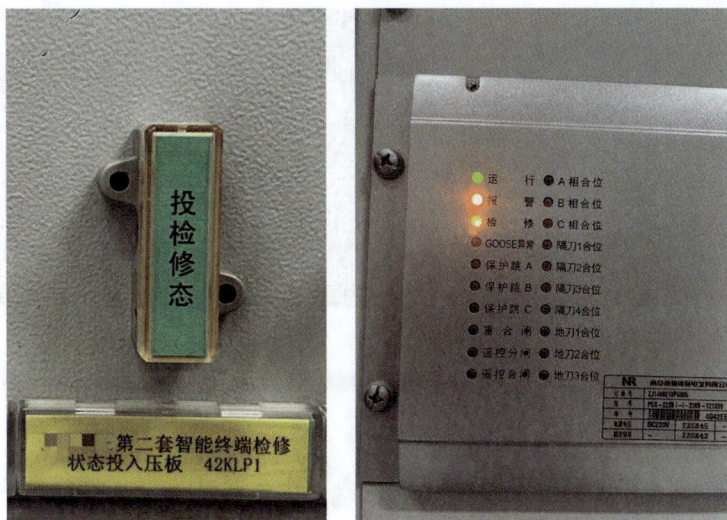

检修压板

检修状态灯

关键要点

投入检修压板后要关注装置面板是否有检修报文或者检修灯亮起，后台是否有相应光字和报文

重点提示

易犯错误：220kV、110kV 的电压互感器均配置电压互感器合并单元，标准虚端子设计下，在母线非全停情况下，该电压互感器合并单元均视为运行，注意投检修压板时切勿投入检修母线的电压互感器合并单元检修压板，应视为运行设备

第四步，软压板隔离安措

动作描述

220kV：确认各间隔装置至运行 220kV 母差保护装置、主变压器保护中有关 110kV 母分、35kV 母分等运行开关的 GOOSE 出口压板已经退出

示意图

功能软压板　　　　　　　　　　GOOSE 软压板

关键要点
220kV 涉及母差失灵和主变压器中低压侧后备保护的 GOOSE 出口回路

重点提示
易犯错误：仅关注后台中的软压板状态，未对装置中 GOOSE 出口软压板状态进行核实

110kV：确认母差以及主变压器保护中检修间隔的 SV 接收软压板已退出

装置内 SV 软压板　　　　　　　　后台 SV 软压板

关键要点

尽量不要用断开 SV 光纤的方式进行隔离，容易造成恢复不到位的问题

重点提示

易犯错误：SV 软压板退出的间隔，SV 报文接收侧装置不会判该间隔的 SV 断链情况，容易造成恢复不到位的问题

35kV：确认主变压器保护中检修间隔的 SV 接收软压板已退出。

确认 35kV 备自投保护装置出口运行主变压器 35kV 开关的 GOOSE 发送压板已退出

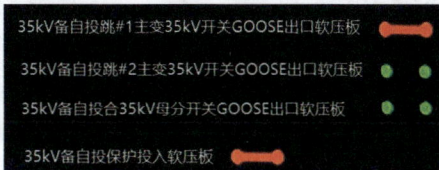

35kV备自投跳#1主变35kV开关GOOSE出口软压板
35kV备自投跳#2主变35kV开关GOOSE出口软压板
35kV备自投合35kV母分开关GOOSE出口软压板
35kV备自投保护投入软压板

GOOSE 软压板

关键要点

尽量不要用断开 SV 光纤的方式进行隔离，容易造成恢复不到位的问题

重点提示

易犯错误：SV 软压板退出的间隔，SV 报文接收侧装置不会判该间隔的 SV 断链情况，容易造成恢复不到位的问题

第五步，执行链路隔离安措

动作描述

220kV：拔出检修主变压器保护至 110kV 母分、35kV 母分的直跳光纤

110kV：无

35kV：拔出 35kV 备自投装置至运行主变压器 35kV 开关的直跳光纤

示意图

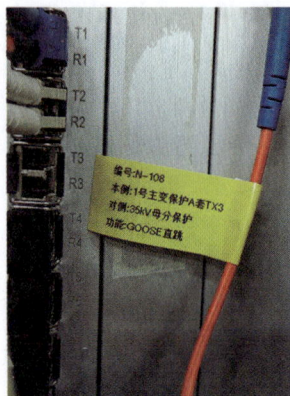

35kV 母分直跳光纤

110kV 母分直跳光纤

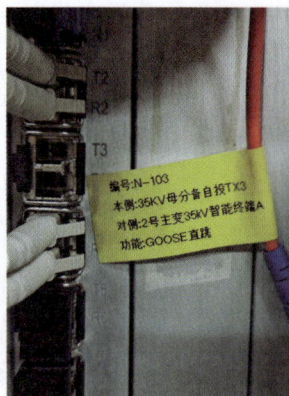

主变压器 35kV 直跳光纤

第六步，执行同屏运行设备和运行端子隔离安措

动作描述

（1）确认柜内同屏运行设备是否已用安全布幔遮盖，警示隔离。
（2）35kV 模式下，电压并列装置，是常见的同屏运行设备。
（3）柜内非检修间隔设备的带电回路用红色绝缘胶布隔离。
（4）柜内其他进线、环网电源等端子和空气开关用红色绝缘胶布隔离

示意图

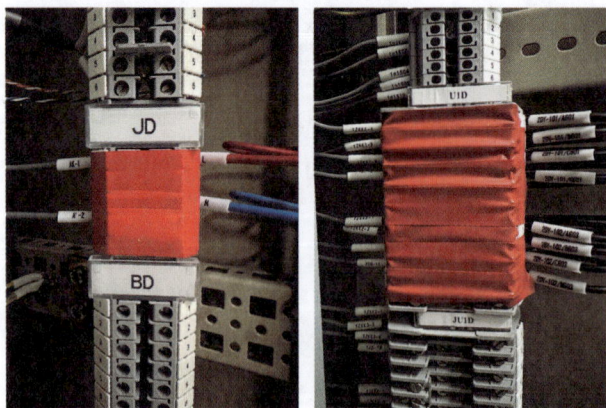

交流电压电源安措

关键要点

（1）220kV、110kV 模式下，线路复用通道装置、电压互感器合并单元装置等均是常见的同屏运行设备。

（2）220kV 模式下，主变压器停役时，35kV 开关柜中的母线电压端子带电。

（3）220kV、110kV 停电模式下 220kV、110kV 电压互感器柜中非停役母线的电压端子带电。

（4）进线电源一般在母线尽头或开头的间隔中布置，环网电源一般在母联间隔中布置

⚠️ **重点提示**

易犯错误：注意仔细甄别运行设备和端子，封锁带电端子时，不确认的可以用万用表测量。变电站标签贴错常有，容易识别错误的检修设备，造成运行设备异常

第七步，执行交流电压回路隔离安措

动作描述	示意图
（1）220kV、110kV 停电模式下，拉开线路电压空气开关，划开线路电压端子，电压互感器侧用绝缘胶布封住； （2）拉开主变压器 35kV 开关柜中进合并单元的母线电压空气开关，并断开至电压互感器侧的 N600，用绝缘胶布隔离； （3）绝缘胶布封住母线电压互感器二次侧空气开关	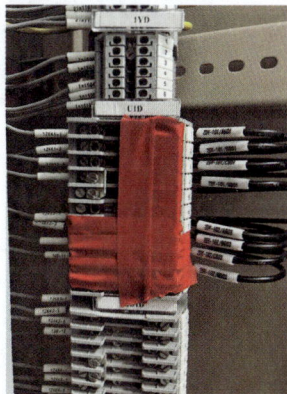 **交流电压回路安措**

关键要点

交流电压安措的执行原则是不反充电，防止运行电压互感器二次回路接地或短路

⚠️ **重点提示**

易犯错误：做安措时注意操作工具的绝缘，容易误碰带电电压回路

第八步，执行直流回路隔离安措

动作描述

（1）35kV作业时，绝缘封住柜内直流空气开关上端子，即小母线引下线端子；

（2）若遇到设备更换，或遥信消缺等工作，注意拉开直流电源空气开关

示意图

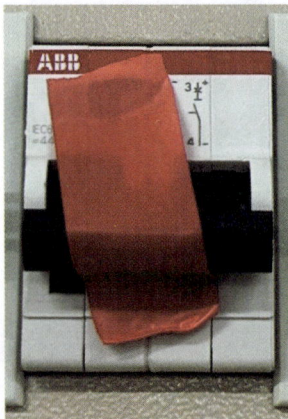

断开的直流空气开关

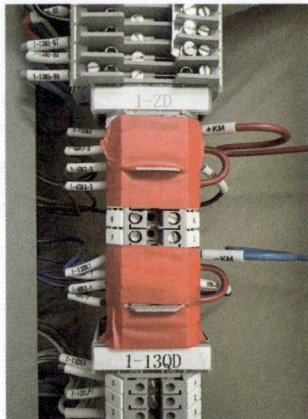

直流电源端子

重点提示
拉空气开关时注意空气开关命名，核对无误后拉开，避免错拉运行设备空气开关

【知识小结】

非全停检修状态下，执行安措时应尤其注意保护单体装置、合并单元、智能终端、交换机、通道、二次回路等与运行装置的联系应断尽断。现场执行安措时确保两人操作，对软硬压板、端子、光纤断开点做好显著标识，并作完善记录。此外，应注意自动化安措的申请及恢复。

【思考与练习】

问题一　智能变电站继电保护装置及二次回路 C 类检修涉及的项目有（　　）。（多选题）

A. 屏柜检查　　　　　　　B. 检修状态测试
C. 软压板检查　　　　　　D. 整定值的整定与检验

问题二　下列（　　）不是智能变电站中不破坏网络结构的二次回路隔离措施。（单选题）

A. 断开智能终端跳、合闸出口硬压板
B. 投入间隔检修压板，利用检修机制隔离检修间隔与运行间隔
C. 退出相关发送及接收装置软压板
D. 拔下相关回路光纤

问题三　智能变电站中当"GOOSE 出口软压板"退出后，保护装置可以发送 GOOSE 跳闸命令，但不会跳闸出口。（　　）（判断题）

A. 正确
B. 错误

任务 7　三种典型停电方式下的二次设备定期校验

【任务目标】

掌握三种典型停电方式下的二次设备定期校验项目操作流程、基本项目情况及项目数据技术标准。

【任务描述】

学员通过本任务可以学习三种典型停电方式下的二次设备定期校验项目的实操流程，掌握各个校验项目之间的执行区别，本任务以 220kV 主变压器保护定期校验项目介绍为例，介绍三种典型停电方式下的二次设备定期校验公共项目的动作描述和关键要点，不赘述每一个故障的具体模拟办法，但区分各典型设备间的项目区别。

【操作指南】

一、定检项目清单

（一）220kV 停单条母线以及母线上的线路及主变压器轮停方式

220kV 停单条母线以及母线上的线路及主变压器轮停方式定检项目清单见表 7-1。

表 7-1　220kV 停单条母线以及母线上的线路及主变压器轮停方式定检项目清单

设备及项目名称	备注
220kV 线路保护校验	校验的公共部分参考主变压器定校项目
220kV 母联保护校验	校验的公共部分参考主变压器定校项目
220kV 主变压器保护校验	下文以此为例列举校验公共部分的定校项目
220kV 智能终端校验	校验的公共部分参考主变压器定校项目
220kV 合并单元校验	校验的公共部分参考主变压器定校项目

（二）110kV 停单条母线以及母线上的线路及主变压器轮停方式

110kV 停单条母线以及母线上的线路及主变压器轮停方式定检项目清单见表 7-2。

表 7-2　110kV 停单条母线以及母线上的线路及主变压器轮停方式定检项目清单

设备及项目名称	备注
110kV 线路保护校验	校验的公共部分参考主变压器定校项目
110kV 母联保护校验	校验的公共部分参考主变压器定校项目
110kV 智能终端校验	校验的公共部分参考主变压器定校项目
110kV 合并单元校验	校验的公共部分参考主变压器定校项目

（三）35kV 停单条母线及母线上的元件全停方式

35kV 停单条母线及母线上的元件全停方式定检项目清单见表 7-3。

表 7-3　35kV 停单条母线及母线上的元件全停方式定检项目清单

设备及项目名称	备注
35kV 线路保测装置校验	校验的公共部分参考主变压器定校项目
35kV 电抗器保测装置校验	校验的公共部分参考主变压器定校项目
35kV 电容器保测装置校验	校验的公共部分参考主变压器定校项目
35kV 备自投保护装置校验	校验的公共部分参考主变压器定校项目

二、各间隔类型装置定检项目的区别

在 220kV GIS 站中，各保护装置的定期校验项目仅有小部分不同：

（1）因保护元件的不同，线路、主变压器、母联间隔的保护装置开入、开出及整组校验略有不同。

（2）220kV 和 110kV 的二次设备均为智能设备，35kV 除母分保护和备自投保护，其他均为常规设备，故在光功率测试和采样测试项目上，220kV、110kV 的二次设备与 35kV 的二次设备校验项目略有不同。

三、各间隔类型装置个性定检项目列举

（一）220kV 线路保护

（1）保护装置开入功能测试：其他保护动作、开关压力低禁止重合闸。

（2）整组检验：用 A 相主保护、B 相距离保护、C 相零序过电流保护各做一次整组测试。

（3）区别于 110kV 线路保护：220kV 线路保护控制回路检查存在双操作电源独立性检查。

（二）220kV、110kV 母联保护

区别于其他保护装置：母联保护采样校验仅有电流采样校验。

（三）220kV 主变压器保护

（1）保护装置开入功能测试：无其他保护动作、开关压力低禁止重合闸，增加失灵联跳开入。

（2）保护跳闸矩阵测试、非电量保护检查、非电量继电器检验是主变压器保护的个性项目。

（3）整组检验：用主保护、高中低后备保护各做一次整组测试。

（4）同 220kV 线路保护一样存在控制回路双操作电源独立性检查。

（四）110kV 线路保护

（1）保护装置开入功能测试：同 220kV 线路保护。

（2）整组检验：用 A 相 TV 断线过流保护、B 相距离保护、C 相零序过电流保护各做一次整组测试。

（五）35kV 线路保测

（1）保护装置开入功能测试：为常规保护功能开入检查，可根据保护控制信号回路图进行校验。

（2）整组检验：用永久性过电流Ⅱ/Ⅲ段，重瓦斯各做一次整组测试。

（3）与 220kV/110kV 的设备相比，无光功率测试。

（六）35kV 电抗器保测

（1）保护装置开入功能测试：与 35kV 线路的不同在于油浸式电抗器一般有非电量开入。

（2）整组检验：用永久性过流Ⅰ/Ⅱ/Ⅲ段、重合闸、加速动作各做一次整组测试。

（3）与 220kV/110kV 的设备相比，无光功率测试。

（七）35kV 电容器保测

（1）整组检验：用欠电压保护、不平衡电压保护、过电压保护各做一次整组测试。

（2）与 220kV/110kV 的设备相比，无光功率测试。

（八）35kV 备自投保护

（1）保护装置开入功能测试：1DL、2DL、3DL 的开关位置和合后位置，1、2 号主变压器保护的动作开入，手分 1DL、2DL、3DL 的开入。

（2）保护功能：充电条件、放电条件、有流闭锁测试。

（3）整组检验：母分备自投动作做一次整组测试。

（九）智能终端

（1）220kV 线路智能终端开入检查：闭重开入，开关压力低禁止重合闸，1G、2G 位置开入。

（2）220kV 线路智能终端开出检查：跳 A/B/C 三相分相开出，有重合闸开出验证。

（3）220kV、110kV 母联智能终端开入检查：无闭重开入、开关压力低禁止重合闸，增加 SHJ 开入检查。

（4）220kV、110kV 母联智能终端开出检查：跳 A/B/C 三相不分相开出，无重合闸开出验证。

（5）220kV 主变压器智能终端开入检查：无闭重开入、开关压力低禁止重合闸，增加其他开入量检查。

（6）220kV 主变压器智能终端开出检查：主要是非电量智能终端（保护）比较特殊，存在所有非电量的开入和跳闸校验。

（7）110kV 线路智能终端开入检查：无 1G、2G 位置开入，其他类似 220kV 线路智能终端。

（8）110kV 线路智能终端开出检查：跳 A/B/C 三相不分相开出。

（十）合并单元

所有间隔的合并单元装置在定期校验中均不进行采样精度试验，仅进行通道量检查。

四、主变压器保护定校项目示例

220kV 主变压器保护定期校验项目见表 7-4。

表 7-4   220kV 主变压器保护定期校验项目

第一步，保护装置重启自检

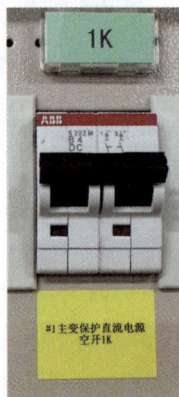

动作描述	示意图
拉开装置电源 DK 空气开关，5s 后合上，观察装置正常启动无异常	装置电源空气开关

重点提示
切勿短时间内快速拉合电源，容易造成电路元件烧毁

第二步，设备、回路检查及清扫

动作描述

（1）检查装置指示灯、液晶面板、背板、插槽有无破损；压板无开裂；背后接线紧固。

（2）检查光纤标签、回路方向套标注清晰，无缺漏

示意图

标签工艺模板

装备背面工艺模板

关键要点

接线紧固检查是重中之重，紧固原则如下：

（1）硬线无法拉出，无摆动现象，软线压接头紧固，无松脱现象。

（2）紧固顺序应从重要到次要，控制回路、交流电压电流采样回路、信号回路、对时、交流电源回路。

（3）带电回路紧固时注意工具的绝缘包裹。有后续停电条件的带电回路紧固尽量待停电后紧固

重点提示

异常处理：

（1）查异常后及时更换备品备件。

（2）检查对时异常时，考虑装置内控制字、时钟同步装置、对时方式设置等排查

第三步，保护装置校验（开入检查）

动作描述

根据定值单，对硬开入压板、按钮、把手逐个分合检查，检查装置开入量、后台信号有 0→1→0 变位过程

示意图

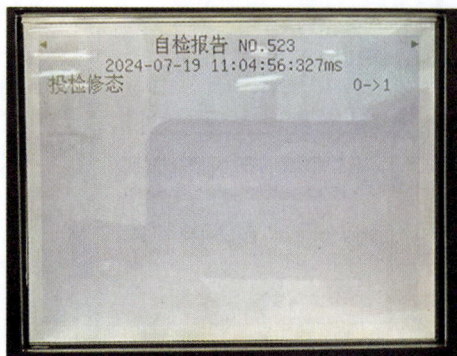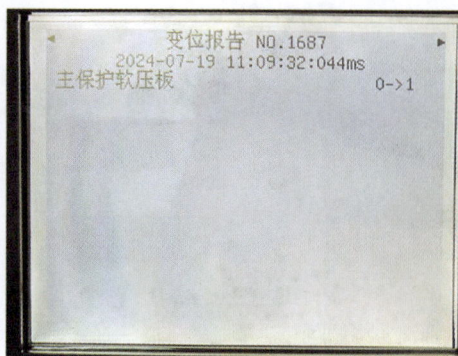

自检报告

变位报告

重点提示

易犯错误：开入量验证不全，应按照控制信号回路图一一验证

第四步，保护装置校验（采样检查）

动作描述

（1）使用继电保护测试仪对保护装置交流电压、电流回路分别加量采样，检查相关装置采样数据显示正确。

（2）使用数字式测试仪对合并单元进行采样量模拟，检查各 SV 接收装置内的电流电压采样数据是否正确符合要求

示意图

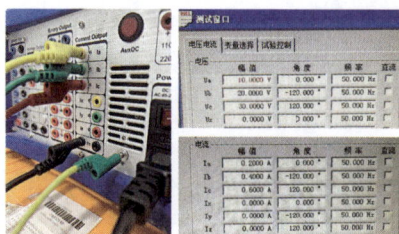

试验接线　　　　　　模拟输出和光纤接线　　　　　　凯默试验接线

关键要点

（1）采样检查注意查看各 SV 接收端装置的显示情况。

（2）采样模拟时应注意相别是否正确

第五步，保护装置校验（故障模拟）

动作描述

使用手持测试仪接入保护装置，发送 SV 报文模拟故障，根据定值单模拟不同出口情况，接收 GOOSE 报文检查

示意图

状态序列

GOOSE 报文监视

关键要点

注意接收 GOOSE 报文时应关注接收报文中出口相是否与模拟故障相别相同

第六步，设备通信接口检查

动作描述

使用手持测试仪测量装置光口收发光功率。装置 TX 口引出测量光纤至测量仪 RX 口；装置 RX 口所接入光纤引至测量仪 RX 口，进行测量

示意图

光功率测试

关键要点

结合后台光链路表检查回路对应关系正确

重点提示

易犯错误：测试时收发口接反。

异常处理：光功率数值不满足要求，检查光纤、光模块、板件光口，必要时更换。

安全风险：

（1）光纤在插拔过程中容易损坏，应小心谨慎操作。

（2）恢复光纤状态时，易发生错位

第七步，绝缘测试

动作描述

（1）测量电流回路前，解开该回路接地，摇表打至 1000V 档位进行试验。

（2）测量直流回路前，拉开对应电源，确认无电后摇表打至 1000V 进行试验。

（3）测试后接地放电

示意图

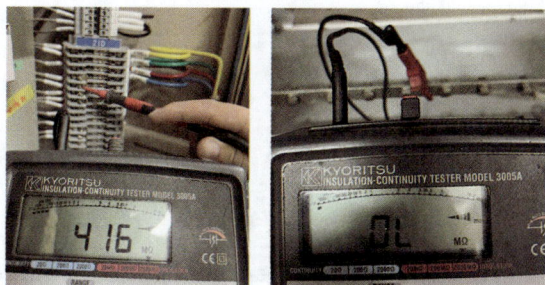

绝缘测试　　　　　　　　　　接地端

关键要点

（1）交流电流、电压回路对地绝缘测试。

（2）直流回路对地绝缘测试。

（3）跳、合闸回路之间绝缘测试。

（4）跳、合闸回路对地绝缘测试。

（5）非电量回路之间绝缘测试。

（6）非电量回路对地绝缘测试

重点提示

易犯错误：接地未解开。

异常处理：绝缘数值不佳，检查回路有无破损，端子是否受潮。

安全风险：

（1）回路带电测量绝缘。

（2）直流监测装置报警

第八步，整组试验

动作描述

（1）手持测试仪模拟母差失灵开入，保持故障电流，接收出口 GOOSE 报文。

（2）试验线接跳闸出口回路返回至手持测试仪，检查开入时间符合要求。

（3）手持测试仪模拟遥控出口至智能终端，同时发跳合闸指令，开关分开后不再合上

示意图

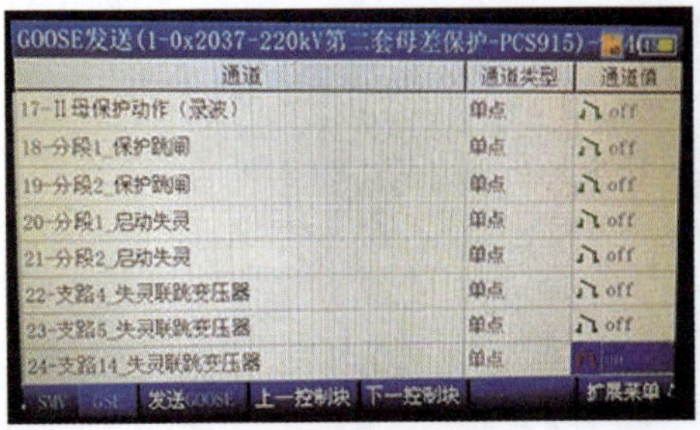

GOOSE 发送模拟

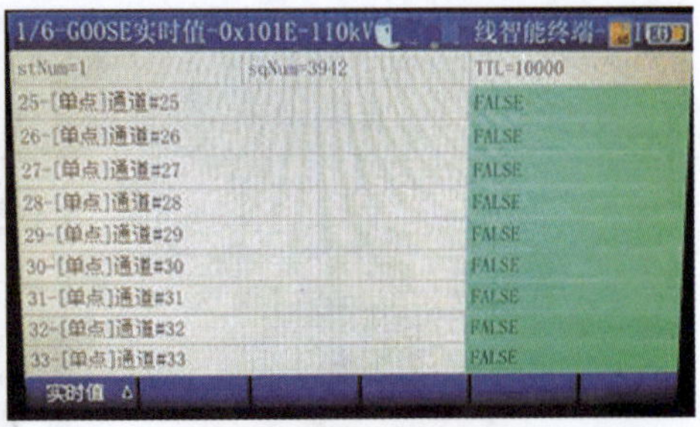

GOOSE 发送模拟

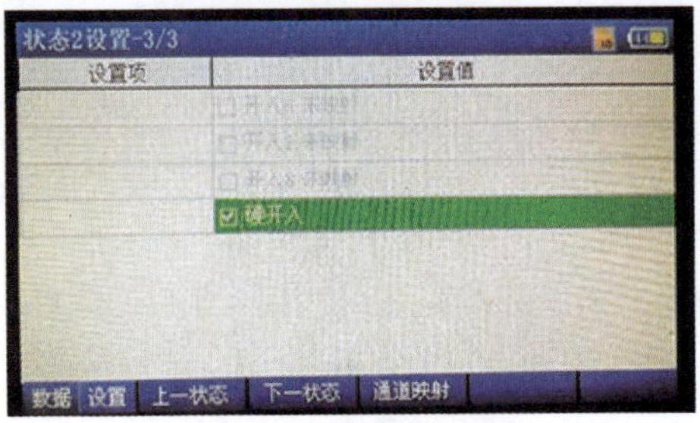

GOOSE 通道映射

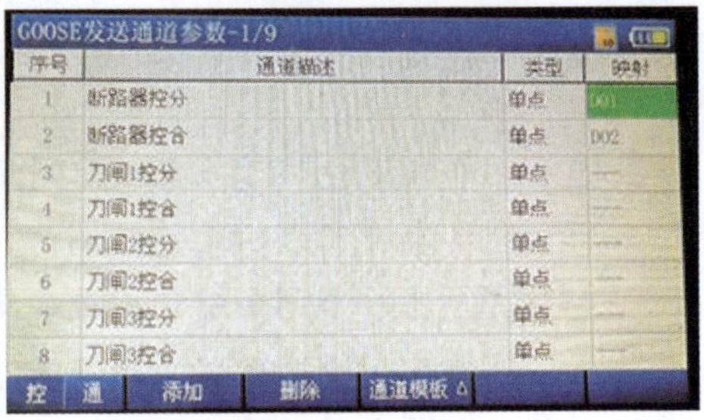

GOOSE 通道映射

关键要点

（1）失灵联跳试验（部分回路，不含母差）。

（2）模拟故障进行传动试验，检查开关动作是否正确。

（3）后台机、远方监控系统、设备状态是否和模拟的故障一致。

（4）整组动作时间测试。

（5）防跳跃功能检查。

（6）非电量回路的整组试验

第七步，站内三遥核对

动作描述

（1）参考后台光字信号，实际动作或利用装置开出传动功能与后台核对。

（2）结合合并单元组采样工作进行核对。

（3）结合验收时后台遥控开关出口

关键要点

遥信核对、遥测核对、遥控核对

【知识小结】

智能变电站 220kV 主变压器保护定期校验涉及的设备数量较多，包括主变压器各侧合并单元、智能终端、本体非电量保护等。在给定的检修窗口时间内，校验工作应"重回路，轻逻辑"，严格将各类回路及功能进行校验并完整记录试验结果。

检修试验项目技术要求如下：

（1）保护装置校验。

（2）采样值检查。

（3）零漂输入幅值特性检验：一段时间内的零点值应满足装置技术条件的规定。

（4）模拟量输入幅值特性检验：进行电流与电压模拟量采样（电流 $5I_n$、I_n、$0.1I_n$，电压 1V、10V、60V），保护装置采样显示相对误差应小于 2.5%。

（5）模拟量输入相位特性检验：进行相位特性测试，装置显示值与表计测量值误差应满足要求：显示相位与外加值误差不超过 ±2°。

（6）绝缘测试：用 1000V 绝缘电阻表摇测，新安装的，要求大于 10MΩ，定期校验，要求大于 1MΩ。

（7）整组动作时间测试：过量保护通入 1.2 倍整定值，欠量保护通入 0.7 倍整定值进行测试。

（8）光功率要求：1310nm 波长的光纤，光纤发送功率 –20~–14dBm，光接收灵敏度 –31~–14dBm。目前通信中常用的光波长度即 1310nm。850nm 波长的光纤：光纤发送功率 –19~–10dBm，光接收灵敏度 –24~–10dBm。

（9）220kV 线路、220kV 主变压器、110kV 线路、母分、35kV 备自投等各类保护定期校验时的流程和要求基本相同，仅因保护范围和保护需要实现的作用不同而动作对象的开关不同，少部分校验内容不同。下文叙述区别，其他流程步骤和技术标准参照主变压器执行即可。

（10）220kV 线路保护与主变压器关键区别在于开关为分相开关，且有重合闸功能，增加了重合闸和合闸于故障的试验项目，其次线路保护动作对象仅为本间隔开关，主变压器保护动作对象涉及三侧开关及中压侧和低压侧母分。220kV 电压互感器有关二次设备仅检查回路绝缘和紧固、光功率、电压互感器等外观。110kV 线路保护类似 220kV 保护项目，唯一的区别在于 110kV 是三相联动开关、保护单套配置。35kV 备自投属于安全自动装置，项目区别于主变压器和线路保护，存在跳主变压器合母分开关的回路，注意运行的交流回路和跳闸回路。

（11）定期校验更多的详细项目请参考《国网浙江省电力有限公司智能变电站 220 千伏继电保护检验标准化作业指导书》。

【思考与练习】

问题一　220kV 线路保护与主变压器保护定期校验的关键区别？

问题二　220kV 正母或者副母电压互感器合并单元是否可以在 220kV 单母停电时进行 C 检？为什么？

能力模块 三 GIS 变电站二次反措及消缺工作指导

模块概说

二次专业的反措和消缺工作是除综合检修外的另一项重要工作业务。反措即反事故措施，它是针对防止人身、设备、电网事故发生，保证设备、电网安全可靠运行和人身安全为目的所采取的技术措施。电网公司会针对生产中的薄弱环节、设备缺陷、不安全因素，有计划、有重点地采取措施，定期编制计划，改善设备运行状况，消灭人身和设备隐患。二次专业的反措对象一般是因设计原因和硬件质量问题而存在隐患的二次回路、二次设备，往往通过对二次回路的整改、二次设备的软硬件更换或升级来实现反措工作。

消缺工作是维持变电站正常安全运行的重要维护手段，如何有效准确地发现缺陷原因并合理地安全地消除缺陷问题，也是作为二次专业检修人员需要掌握的重要技能。

本模块以 220kV GIS 变电站内二次设备的典型反措和消缺工作为例，设置了多个典型任务，引导学员在反措和消缺工作上的思考，熟悉工作思路的同时，掌握基本的反措和消缺技术手段，形成典型工作的经验。

模块目标

知识目标

- 清楚反措工作的基本流程。
- 掌握保护装置、测控装置、合并单元、智能终端典型装置反措的安全措施和技术验证手段。
- 掌握装置消缺、回路消缺工作的基本技术手段。

能力目标

- 能掌握反措工作的四大环节，把关每个环节中的关键点。
- 能理解典型装置反措过程中安全措施的必要性。

- 能通过典型反措举一反三，应用到其他同类型装置反措中。
- 能开展简单的缺陷处理工作，通过可靠的安全隔离技术顺利完成缺陷处理。

任务 8　反措专项工作

【任务目标】

了解变电站反措基本流程，熟练掌握 GIS 智能站内常见二次设备如智能终端、合并单元、保护装置及测控装置的反措技能。

【任务描述】

反措即为反事故措施，是电力企业提高电力设备可靠性、预防和减少事故发生而采取的一系列有计划、有重点的措施。通过反措的实施，电力企业能够有效地防止重大事故的发生，确保人身和设备安全。学员通过本次任务的学习，可以了解反措的基本流程，并掌握常见二次设备的反措。

【知识储备】

反措工作基本流程包括 4 步：

（1）熟悉联系单，明确反措原因。

反措工作的开展首先要明白反措的原因。联系单中会说明电力设备已发现的缺陷及其会造成的后果，反措执行人应该认真阅读，理解反措目的。

（2）熟悉反措清单，清楚反措范围。

反措的开展涉及面较广，联系单里会附上存在缺陷的设备清单。反措工作的开展应严格按照反措清单进行，既不能遗漏也不能过多。

（3）查看实施方案，了解反措危险点、安措和试验方法。

具体反措的开展需要遵循联系单上的实施方案。反措执行人应该了解工作的危险点，在做好相应的安全措施后开展反措。反措完成之后，还需要通过试验来验证设备的功能一切正常。

（4）填写反措台账，反措闭环。

在现场执行完具体的反措工作后，最后一步是填写反措台账。通过填写反措执行时间及执行人，完成反措闭环，有利于管理者掌握反措工作开展的整体进度。

【操作指南】

一、智能终端反措

智能终端是一种智能组件。与一次设备采用电缆连接，与保护、测控等二次设备采用光纤连接，实现对一次设备（如断路器、隔离开关、主变压器等）的监测、控制等功能。

（一）案例描述

运行巡视过程中发现，220kV 启航变电站 2201 线第二套智能终端装置 C 相跳闸，装置未点亮保护跳闸指示灯。更换 TRIP 插件后，装置运行正常。返厂检查后，异常动作原因确定为智能终端跳闸插件存在飞线且与发热量较大的电阻紧挨，长期运行后飞线易绝缘损坏导致开关异常跳闸。对此家族性缺陷，需开展反措工作。

（二）原因分析

通过视检观测等手段，TRIP 插件 C 相合位监视回路内部负端导线与电阻 R3 管脚短路情况，如图 8-1 所示。

图 8-1　装置 C 相合位监视内部负端导线短路

1. C 相合位监视短路检查

经检查分析，智能终端 C 相合位监视内部负端导线与电阻 R3 管脚短路造成电阻 R3 和 R4 短路，R3、R4 电阻阻值均为 9.1kΩ，如图 8-2 所示。

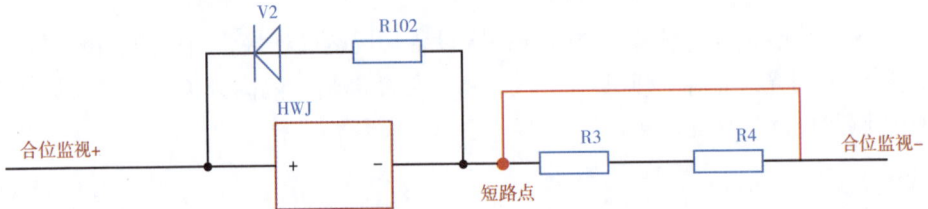

图 8-2　装置 C 相合位监视回路图

2. C 相合位监视继电器检查

测量 C 相合位监视继电器阻值约为 32Ω，对比正常 A 相合位监视继电器阻值约为 2kΩ，判断 C 相合位监视继电器损坏。

经过分析，初步判断为合位监视的内部负端导线被挤压在电阻 R3 的金属腿处，长时间高温运行后破损接触，导致电阻 R3 和 R4 短路。电阻 R3 和 R4 被短路后，操作电源 220V 直接施加在 C 相合位监视继电器线圈上，该合位监视继电器正常工作电压为 24V。经长时间过压运行，C 相合位监视继电器损坏，内阻由正常 2kΩ 下降至 32Ω。导致合位监视回路联通至跳圈的电流由约 0.1A（220V/2kΩ + 跳圈阻值）上升至约 1~1.5A（220V/32Ω + 跳圈阻值），达到机构动作电流条件，导致 C 相跳闸。

综上所述，2201 线第二套智能终端装置 C 相跳闸的原因是 TRIP 插件 C 相合位监视回路内部负端导线破损，导致短路异常，电流增大，长期运行后进而导致合位监视继电器损坏，最终达到机构动作电流条件后跳闸。

（三）整改措施

在保持端子定义不变的前提下，设备厂商优化印制板设计，取消飞线。现场结合定检或申请停电，对智能终端 TRIP 插件进行更换，更换不涉及程序、配置文件和外回路接线变化。

现场反措操作步骤如下：

（1）间隔申请停电，现场做好相关安措。

（2）检查更换前智能终端装置正常运行。

（3）退出该间隔保护功能软压板、GOOSE 接收软压板和 GOOSE 出口软压板，如图 8-3~ 图 8-5 所示。

图 8-3　退出保护功能　　图 8-4　退出 GOOSE　　图 8-5　退出 GOOSE
　　　　软压板　　　　　　　　　接收软压板　　　　　　　出口软压板

（4）投入智能终端检修硬压板，如图 8-6 所示。

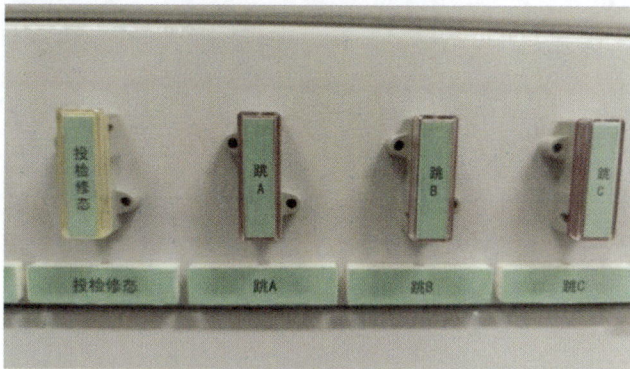

图 8-6　检修硬压板投入

（5）在做好防静电措施的前提下，断开智能终端装置电源和操作电源，更换对应的 TRIP 插件，如图 8-7 所示。

图 8-7　更换插件

（6）更换后装置上电，检查智能终端装置运行是否正常。

（7）验证智能终端跳合闸回路动作正确性，验证手跳手合驱动 KKJ 的正确性，验证操作回路控回断线和控回失电信号正确性。

（8）退出智能终端检修硬压板，如图 8-8 所示。

图 8-8　检修硬压板退出

（9）投入该间隔保护功能软压板、GOOSE 接收软压板和 GOOSE 出口软压板，如图 8-9~ 图 8-11 所示。

| 图 8-9　投入保护功能软压板 | 图 8-10　投入 GOOSE 接收软压板 | 图 8-11　投入 GOOSE 出口软压板 |

（10）验证结束，恢复送电运行。

注意事项：现场反措执行前应查阅反措清单明确工作设备型号，现场反措执行后应填写反措台账进行闭环。

（四）案例总结

220kV 启航变电站 2201 线第二套智能终端装置 C 相跳闸，装置未点亮保护跳闸指示灯。经检查分析智能终端 C 相合位监视内部负端导线与电阻 R3 管脚短路造成电阻 R3 和 R4 短路。操作电源 220V 直接施加在 C 相合位监视继电器线圈上，经长时间过压运行，C 相合位监视继电器损坏，导致合位监视回路联通至跳圈的电流达到机构动作电流条件。在保持端子定义不变的前提下，设备厂商优化印制板设计，取消飞线。

二、合并单元反措

合并单元是一种智能组件，用以对来自二次转换器的电流、电压数据进行时间相关组合的物理单元。合并单元可以是互感器的一个组成件，也可以是一个分立单元。合并单元可以对互感器传输过来的电气量进行合并和同步处理，并将处理后的数字信号按特定格式进行转发。

（一）案例描述

220kV 启航变电站 2 号主变压器差动保护动作，现场收集资料分析，初步判断主变压器保护正确动作，是中压侧合并单元发生了异常，更换合并单元 CPU 板后，恢复正常。返厂检查后，异常动作原因确定为合并单元底层程序中逻辑门电路错误，导致两片独立 AD 芯片的采用数据同时出现异常，对此家族性缺陷需开展反措工作。

（二）原因分析

检查主变压器保护装置记录，主变压器保护装置报接收合并单元双 AD 不一致告警，如图 8-12 所示。

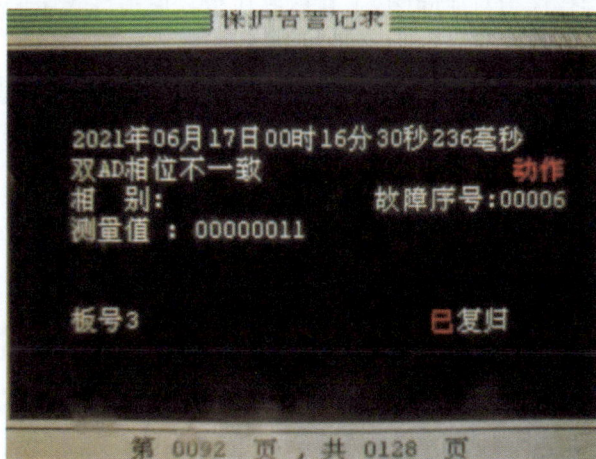

图 8-12　主变压器保护装置记录

检查合并单元装置记录，合并单元间歇性告警 AD 自检异常，无其他异常告警，如图 8-13 所示。

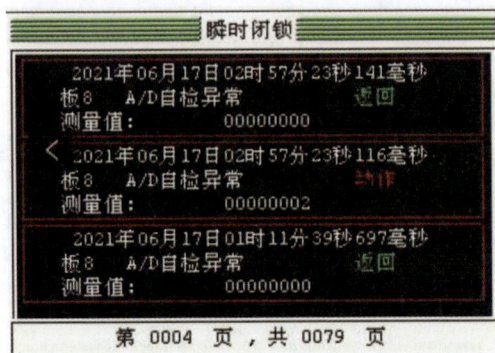

图 8-13　合并单元告警记录

通过上述记录，可以判断合并单元保护电流通道出现异常数据，确定异常范围为合并单元 AD 采样功能异常。

（三）整改措施

设备生产厂家对合并单元底层程序进行升级，增加冗余处理逻辑和异常检测判断逻辑，以避免保护不正确动作风险。

现场反措操作步骤如下：

（1）间隔申请停电，现场做好相关安措。

（2）退出母线保护对应间隔 SV 接收软压板，退出母线保护对应间隔失灵接收软压板，退出对应保护装置保护功能软压板。

（3）投入对应保护装置检修硬压板与合并单元检修硬压板，如图 8-14 所示。

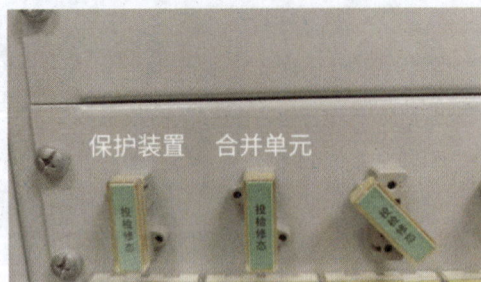

图 8-14　投入保护装置与合并单元的检修硬压板

（4）升级前备份装置文件，同时拍照记录相关参数设置，标记和拍照记录 CPU 板上光纤接口，如图 8-15 所示。

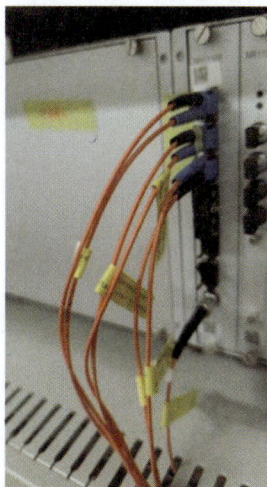

图 8-15　光纤接口拍照记录

（5）装置断电，更换 CPU 板，如图 8-16 所示。

图 8-16　更换 CPU 板

（6）装置上电，将备份的装置文件上传至新 CPU 板。

（7）重启装置，核对装置软件版本和 FPGA 底层信息，按参数备份进行相关参数设置。

（8）重启装置，恢复 CPU 板上光纤接口，确认装置正常运行。

（9）验证合并单元正常运行：检查装置无异常告警，检查装置 SV 收发通信、GOOSE 收发通信、B 码同步正常。

（10）验证合并单元交流采样正确性：通过继电保护测试仪加量，检查对应保护和测控装置交流采样正确。

注意事项：现场反措执行前应查阅反措清单明确工作设备型号，现场反措执行后应填写反措台账进行闭环。

（四）案例总结

220kV 启航变电站 2 号主变压器差动保护动作，现场收集保护装置和合并单元装置的告警记录，判断是中压侧合并单元异常。设备生产厂家对合并单元底层程序进行升级，增加冗余处理逻辑和异常检测判断逻辑，以避免保护不正确动作风险。

三、保护装置反措

保护装置是当电力系统的电力元件或电力系统本身发生了故障危及电力系统安全运行时，能够向运行值班人员及时发出告警信号，或者直接向所控制的断路器发出跳闸命令以终止这些事件发展的一种自动化措施的成套设备。

（一）案例描述

运行巡视过程中发现，220kV 启航变电站 1 号主变压器保护报装置异常告警，现场检查发现装置面板显示"开出 × 板 开出 × 不响应"告警信息，重启装置后异常复归，检查运行维护记录发现同厂家系列保护装置在长时间运行中也有类似告警出现，经厂家确认该告警将导致常规站保护出口闭锁，影响保护功能，判为家族性缺陷。

（二）原因分析

该型号主变压器保护装置设计有开出插件的自检功能，开出不响应为自检异常时的告警信息。对于智能站保护装置，跳闸通过 GOOSE 插件光口出口，装置的开出插件仅用于提供辅助的信号接点，告警后不闭锁装置功能，不影响保护动作行为；对于常规站保护装置，跳闸通过开出插件上的继电器出口，告警后闭锁装置保护功能。

厂家通过测试发现自动测试模拟保护启动 / 复归及自检，发现在大量的试验中，偶尔会出现保护启动复归后启动继电器未收回的现象，此时进行开出自检，装置上误报开出不响应告警。

开入插件上的处理器收到保护 CPU 通过 CAN 网传输启动 / 复归命令后，先存至开入处理器分配的 CAN 网控制器缓存区内，再从缓存区读取命令执行。经分析，开入处理器缓存区中的复归报文有极小概率在读取前被覆盖，开入插件启动继电器的常开触点未返回时，开出自检回路无法正常完成自检，此时进行开出自检就会误报开出不响应告警。

（三）整改措施

经分析研讨，厂家对开入处理器的 CAN 网控制器缓存区机制进行优化，将缓冲区增大为之前的 4 倍。对优化后的开入软件进行加速自检的极限测试，"将开出自检频率由一天一次改为 2 分钟 1 次，在自检前 1 分钟模拟保护启动 / 复归"，通过自动测试模拟频繁启动 / 复归和开出自检，连续进行上万次测试，未再出现开出自检误告警的现象。对于现场装置，采用升级开入插件软件的方式进行消缺。

现场反措操作步骤如下：

（1）熟悉工作内容并准备反措相关工具：升级开入插件软件版本，需要准备一套升级用连接线，提前安装厂家提供的升级工具，准备对应开入插件软件程序，如图 8-17 所示。

图 8-17　反措装置

（2）安措布置：将装置退出运行，投入检修压板，退出保护出口硬压板，断开失灵回路（常规站）、退出 GOOSE 出口软压板（智能站），记录更新前的开入插件软件版本，如图 8-18 所示。

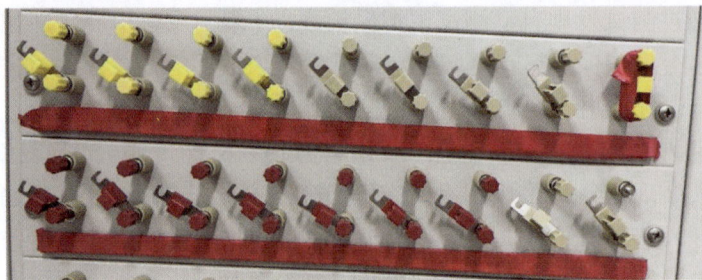

图 8-18 压板安措

（3）反措执行：将装置断电，用连接线连接装置与调试电脑，使用厂家提供的软件升级工具，选择型号一致的固件文件，升级保护装置开入插件软件版本，如图 8-19 所示。

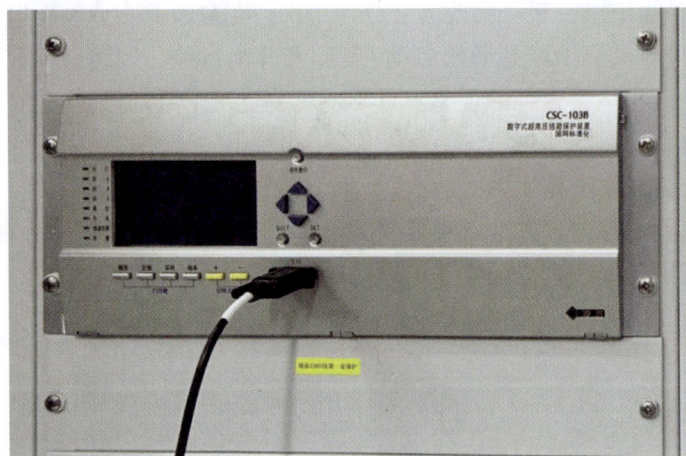

图 8-19 装置连接调试电脑

（4）验证反措结果：将装置重新上电后，检查装置无相关异常告警，验证装置与远动、监控等站控层设备的通信正常，核对保护、智能终端无 SV/GOOSE 断链告警，并使用复归按扭，对装置完成复归操作。验证无异常后，反措工作完成。

注意事项：现场反措执行前应查阅反措清单明确工作设备型号，现场反措执行后应填写反措台账进行闭环。

（四）案例总结

此问题涉及该厂家的线路及变压器保护装置，问题较为隐蔽，在日常工作、巡视中需要注意装置的异常告警信息及通信情况，以便及时发现相关问题，工作时需要注意反措的工作条件，避免反措操作导致设备损坏。

四、测控装置反措

测控装置是一种变电站自动化系统间隔层智能电子设备，实现一次、二次设备信息采集处理和信息传输，接收控制命令，实现对受控对象的控制。

（一）案例描述

220kV启航变电站出现站内直流系统报警，现场绝缘监测装置报220kV线路2201遥信电源绝缘异常，现场工作人员拉开220kV线路2201测控遥信电源空气开关后，直流系统报警消失，经检查，发现解开5号插件开入端子接线后，绝缘异常恢复，确认故障发生在220kV线路2201测控装置开入板件内部。

（二）原因分析

根据直流系统绝缘异常报警内容及故障现象，应该是测控装置5号槽开入回路中存在低阻接地的问题。

现场测控装置5号槽开入插件左侧是交流头插件，插件上安装有金属屏蔽罩，在屏蔽罩顶部粘贴有0.5mm厚环氧绝缘板用于加强绝缘（可耐压6kV）。交流头插件内部示意如图8-20所示。

图8-20　交流头插件内部示意图

正常情况下，5号槽开入插件开入端子针脚未超出自身插件面板边缘，而左侧交流头屏蔽罩顶部环氧板也未超出插件面板的边缘，开入端子针脚低于开入插件面板0.6mm左右，距离金属屏蔽罩顶部环氧板1.7mm左右，距离金属屏蔽罩垂直距离 2.24mm 左右，空气及环氧板均为高阻抗物质，开入端子针脚不可能存在直接金属接地的情况，交流头与开入插件位置关系如图 8-21 所示。

图 8-21　交流头与开入插件位置关系示意图

为排查清楚现场绝缘异常具体原因，在 220kV 启航变电站现场对引起直流系统绝缘异常报警的测控进行检查。

现场将测控装置 B05 开入插件拔出，检查机箱内底部，发现存在类似金属丝的异物，如图 8-22 所示。经检测，该异物确认为金属导电物质，长度约2.5mm。

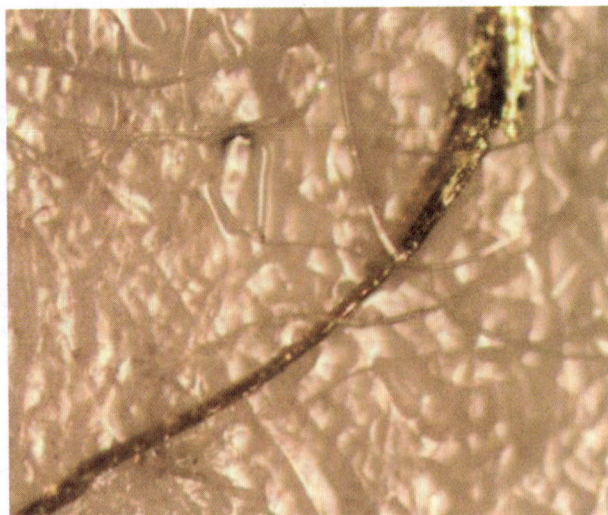

图 8-22　机箱内异物实物图

对现场返回的异常插件进行的测试分析：

（1）采用自动化测试仪对返回的开入插件进行检测，未发现异常。

（2）将返回的开入插件插入正常装置中进行绝缘耐压检测，未发现异常。

（3）将返回的开入插件插入正常装置中进行开入功能测试，未发现异常。

（4）将返回的开入插件插入正常装置上进行高低温、湿热等检测，均未发现绝缘异常问题。

（5）将现场返回的开入插件送到专业检测实验室进行检测，最长的开入针脚距离金属屏蔽罩顶部环氧板1.4mm左右，到金属屏蔽罩垂直距离1.9mm左右，满足绝缘距离要求。

根据现场返回插件的检测结果，排除了开入插件存在异常以及开入插件端子针脚与金属屏蔽罩绝缘距离不够的可能。在厂家组织结构、硬件等专业人员深入讨论，根据测控装置结构、硬件情况以及现场的排查情况进行分析，初步判断应该是由于现场机箱内的微小导电异物吸附于开入插件开入端子针脚与交流头金属屏蔽罩之间，引起两者低阻接触，导致绝缘异常问题。

（三）整改措施

为加强该型号测控装置开入板件与交流头金属屏蔽罩之间的绝缘能力，采用斜口钳剪开入针脚+贴绝缘条方式，对现有测控装置进行处理，厂家对后续发出的测控装置及开入插件做进一步工艺优化，在开入插件端子针脚上增加环氧绝缘贴片。

现场反措操作步骤如下：

（1）熟悉工作内容并准备反措相关工具：阅读反措联系单，准备开入插件的绝缘封条、斜口钳、静电手环。

（2）安全措施布置：断开测控装置电源、遥信电源，断开对应操作电源，投入测控装置检修压板，退出测控装置遥控出口压板，如图8-12所示。

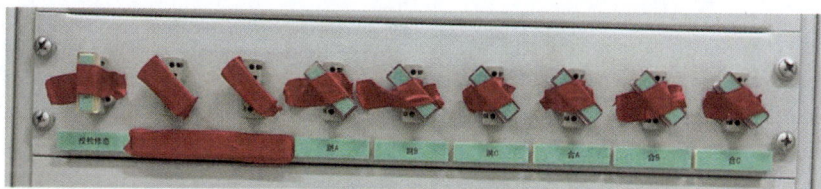

图 8-23　压板安措

（3）确认工作板件：在装置背面，找到紧邻AC插件的开入插件B05，如图8-24所示。

图 8-24　装置背面图

松开插件所接把座的两颗固定螺栓、插件上下两颗固定螺栓，拆下把座、拔出插件，将拔出的插件水平放置在平面上，器件所在面朝下，如图 8-25 所示。

图 8-25　拔出的插件

（4）进行反揩操作：使用斜口钳依次平放在 22 个锥形焊点上，剪掉高出锥形焊点的插针，去掉环氧条粘贴面贴纸，将粘贴面的每个针孔与焊点对齐，粘贴在 PCB 板上，按压环氧条使其牢靠粘贴，如图 8-26 所示。

图 8-26　反揩操作方式

（5）恢复装置结构及接线，验证反措结果：检查粘贴无误且无残留物后，将插件插入原装置插槽，拧紧插件的两颗固定螺栓；将插件原把座插入插件，并拧紧两颗固定螺栓；装置上电，检查该插件的开入位置状态。

注意事项：现场反措执行前应查阅反措清单明确工作设备型号，现场反措执行后应填写反措台账进行闭环。

（四）案例总结

220kV启航变电站现场绝缘异常问题为220kV线路2201测控装置运行过程中机箱内有导电异物吸附于5号槽开入插件的开入端子针脚与和交流头金属屏蔽罩之间，造成开入端子针脚和交流头金属屏蔽罩之间形成低阻回路，引起开入公共负端子经内部回路接地，最终引起现场直流系统绝缘异常报警的问题，发现问题后排查了相关型号的其他装置结构，发现该问题仅存在于该型号测控装置中，该型号测控装置在机箱内存在细小金属丝状异物并吸附于开入插件端子针脚上，造成与交流头金属屏蔽罩低阻接触时才会发生绝缘异常的情况，属于极小概率事件。为加强防护，在开入板上进行了绝缘加强操作，提升测控装置的开入板绝缘可靠性，降低该型号测控装置发生绝缘异常的风险。

【知识小结】

反措工作基本流程包括4步：
（1）熟悉联系单，明确反措原因。
（2）熟悉反措清单，清楚反措范围。
（3）查看实施方案，了解反措危险点、安措和试验方法。
（4）填写反措台账，反措闭环。

【思考与练习】

问题一　反措清单的作用是什么？
问题二　反措台账不及时更新会有什么后果？

任务 9　消缺工作

【任务目标】

了解220kV GIS变电站继电保护及自动化消缺工作的基本流程，掌握GIS

变电站停电和不停电消缺的基本思路，针对典型的继电保护及自动化缺陷，能预判消缺工作需要准备的备品备件以及消缺前需要布置的基本安全措施。

【任务描述】

缺陷是变电站设备正常运行中不可避免的问题，是设备超过服役年限、出产工艺不佳、零部件老化、安装调试不到位等问题的集中表现。作为变电站继电保护及自动化的检修人员，如何高效、高质量、安全地消除专业设备缺陷一直是本专业长期讨论的问题。本任务旨在通过简化和规范继电保护及自动化缺陷处理流程，提供给专业业务学习者一种较为成熟的典型缺陷解决方案。

【知识储备】

继电保护及自动化工作消缺的基本思路（流程）按照时间先后可分为收集信息、分析定位、安措布置、举一反三共四个基本步骤，详见表9-1。

表9-1 消缺工作的基本思路

第一步，熟悉任务内容，收集故障信息

动作描述

在检修人员收到消缺任务时，第一时间了解清楚任务信息，从多渠道收集设备故障或告警信息

示意图

后台光字　　　　　故障录波器

故障告警灯　　　交换机

关键要点
（1）调度或后台监控系统的反馈。
（2）故障设备装置面板故障信息收集。
（3）辅助监视设备（网分、故障录波器）的信息收集。
（4）其他与故障设备关联设备的面板信息收集。
（5）了解运维人员或调度人员在故障前后的操作内容

重点提示
易犯错误：设备故障时间监控信息和运维人员口头描述信息繁杂，容易被无用的设备信息打乱缺陷分析思路

第二步，分析定位缺陷

动作描述

对收集到的信息进行简单的整理和筛选

示意图

虚回路图

087

说明书

关键要点

（1）通过筛选后的信息，结合查看虚回路、图纸、说明书、消缺经验
等手段对缺陷有基本的定位。

（2）对可能的故障点列出几种猜想

第三步，布置安措消缺

动作描述

检修人员需要根据分析定位的情况，对运行人员提出相应的安全措施布
置条件，防止消缺过程中影响其他正常运行设备

示意图

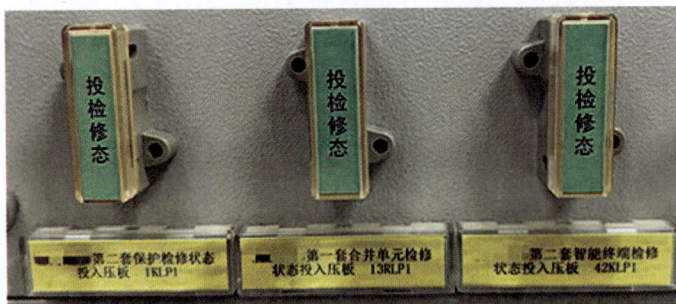

投入检修压板

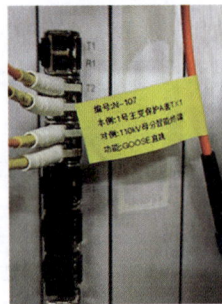

拔除光纤

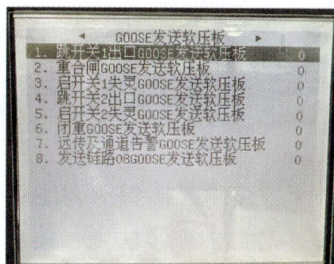

退出 GOOSE 发送软压板

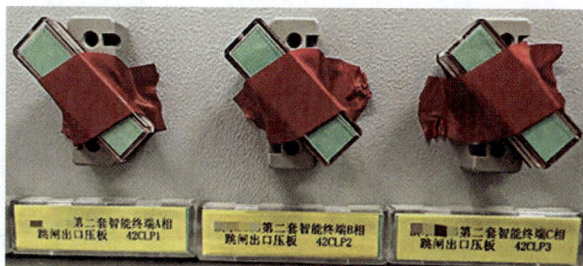

退出出口硬压板

关键要点

（1）若有多种可能的故障点猜想，检修人员可以从安措布置由简到繁，或从验证手段由简到繁，来考虑先从哪一种猜想入手。

（2）安全措施尽量一次性完成，避免检修过程中的措施变化造成不必要的安全风险

重点提示

易犯错误：执行安全措施不到位。

处理办法：根据设备的回路图、SCD、说明书等资料，通过投入检修压板、断开电气回路、退出出口压板、自动化数据封锁、网络安全装置挂检修牌等手段，避免消缺过程中引起运行设备异常。

安全风险：消缺过程中造成运行中的设备异常或人身安全风险

第四步，举一反三排隐患

动作描述

检修人员在消除缺陷后，对消缺工作进行总结

关键要点

评估同期投产设备、同类型设备出现同样缺陷的可能性，防患于未然

【操作指南】

一、主变压器保护故障消缺思路

主变压器是变电站设备的典型电气元件，220kV GIS 变电站为每一台主变压器配备了主后一体的双重化保护。下面根据消缺基本思路的四步法则，针对双重化配置的主变压器保护，对其中一套装置故障时的不停电消缺流程和安措建议进行讲解，详见表 9-2。

表 9-2　　220kV 主变压器第一套保护装置故障消缺思路

第一步，收集故障信息

动作描述

在检修人员收到消缺任务时，第一时间了解清楚任务信息，从多渠道收集设备故障或告警信息

示意图

后台告警光字

装置故障面板

关键要点

装置闭锁、运行灯熄灭、主变压器各侧第一套智能终端、220kV 第一套母差保护、110kV 母分第一套智能终端、10kV 备自投报 GOOSE 断链

重点提示

需要熟悉 220kV GIS 变电站的 SCD，熟悉主变压器保护的虚回路，了解 GOOSE 断链的基本原理

第二步，分析定位缺陷

动作描述

对收集到的信息结合虚回路图进行判断，进行简单的整理和筛选

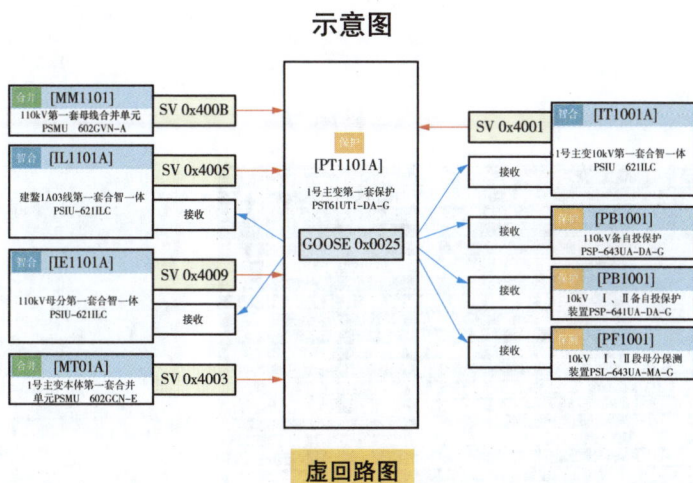

示意图

虚回路图

关键要点

（1）装置闭锁和运行灯熄灭一般是由装置内部硬件故障或装置配置问题引起。

（2）结合虚回路图和 GOOSE 断链信息，可初步判断主变压器保护装置出现了硬件或软件配置上的故障。

（3）有误出口运行开关的风险，也有误启动 220kV 第一套母差失灵的风险，进一步考虑到 220kV 主变压器保护一般双重化配置，故不停电消缺

重点提示

易犯错误：定位过于激进，将缺陷直接定位到装置的电源板件问题，忽略了装置其他硬件故障也可能引起运行灯熄灭的问题。

处理办法：缺陷初步定位在整个装置问题，在安全措施布置完善后通过连接装置各模块进行判断定位具体板件

第三步，布置安措消缺

动作描述

根据初步定位，消除缺陷需要考虑对主变压器保护硬件情况或软件配置进行检查

示意图

跳高压侧开关1软压板	#1主变第一套保护#1主变220kV跳闸出口软压板1-1GT1	
跳高压侧开关2软压板	#1主变第一套保护启动失灵出口软压板1-1GT2	
跳高压侧开关3软压板	#1主变第一套保护解除失灵复压闭锁出口软压板1-1GT3	
跳高压侧开关4软压板	备用	
跳高压侧母联软压板	备用	
跳中压侧开关1软压板	#1主变第一套保护#1主变110kV跳闸出口软压板1-1GT6	
跳中压侧母联1软压板	#1主变第一套保护110kVⅠ·Ⅱ段母分跳闸出口软压板1-1GT8	
跳中压侧母联2软压板	备用	
跳中压侧母联3软压板	备用	
跳低压侧1开关1软压板	#1主变第一套保护#1主变10kVⅠ甲跳闸出口软压板1-1GT11	
跳低压侧1开关2软压板	备用	
跳低压1侧分段软压板	#1主变第一套保护10kVⅠ·Ⅲ段母分跳闸出口软压板1-1GT13	
跳低压2侧开关1软压板	#1主变第一套保护#1主变10kVⅠ乙跳闸出口软压板1-1GT14	
跳低压2侧开关2软压板	备用	
跳低压2侧分段软压板	#1主变第一套保护10kVⅥ·Ⅱ段母分跳闸出口软压板1-1GT16	
闭锁中压自投软压板	备用	
闭锁低压1侧备自投1软压板	#1主变第一套10kVⅠ甲后备保护闭锁10kVⅠ·Ⅲ段母分BZT出口软压板1-1GT18	
闭锁低压1侧备自投1软压板	备用	
闭锁低压2侧备自投1软压板	#1主变第一套10V乙后备保护闭锁10kVⅠ·Ⅱ段母分BZT出口软压板1-1GT20	
闭锁低压2侧备自投2软压板	备用	

主变压器保护该信号

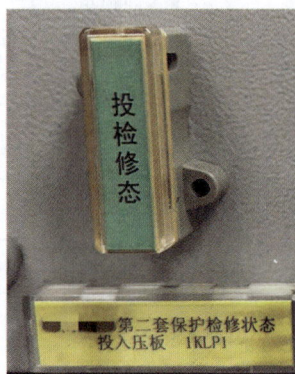

投入检修压板

检查光功率

恢复光纤

核对保护版本

关键要点

（1）安措考虑：1 号主变压器第一套保护改信号，投入 1 号主变压器第一套保护检修压板。

（2）消缺后试验项目一：遇到重新下载配置的情况，如更换主变压器保护 CPU 插件及光口插件时，检修人员需要对光口链路、采样通道进行试验、保护和定值进行抽校，并核对装置保护版本、定值、设备参数。

（3）消缺后试验项目二：遇到无需重新下载配置的情况，如更换主变压器保护电源插件或液晶面板时，检修人员可以仅核对装置保护版本、定值、设备参数

重点提示

易犯错误：主变压器保护试验项目把握不准。

异常处理：主变压器保护故障点定位是关键，有配置更新，需要对全虚回路进行验证，包括光口链路、采样通道进行试验、保护和定值进行抽校，并核对装置保护版本、定值、设备参数

第四步，举一反三排隐患

动作描述

检修人员在消除缺陷后，对消缺工作进行总结

关键要点

评估同期投产设备、同类型设备出现同样缺陷的可能性，防患于未然

二、线路合并单元故障消缺思路

220kV GIS 变电站标准化设计中，220kV 线路保护双重化配置。根据消缺基本思路，与主变压器一样，分为基本的四步消缺法，针对双重化配置的线路保护，其中一套合并单元故障时的不停电消缺流程和安措建议进行讨论，其中举一反三环节相似，不进行赘述，详见表 9–3。

表 9-3 　　　　220kV 线路第一套合并单元装置故障

第一步，收集故障信息

动作描述

在检修人员收到消缺任务时，第一时间了解清楚任务信息，从多渠道收集设备故障或告警信息

示意图

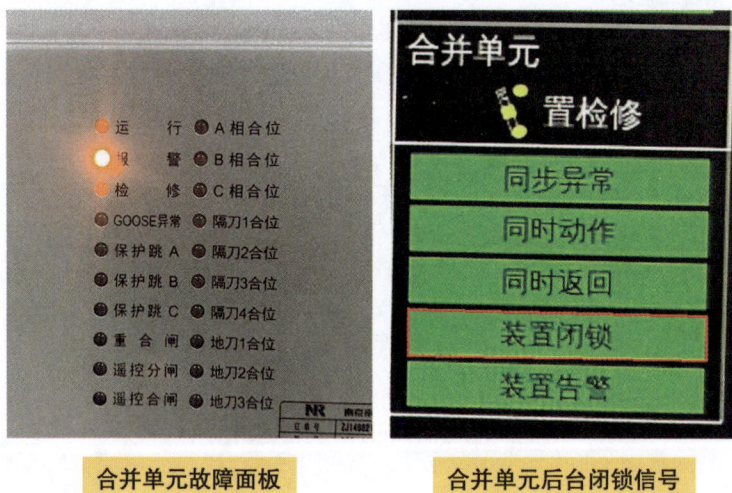

合并单元故障面板

合并单元后台闭锁信号

关键要点

装置故障、运行灯熄灭、220kV 线路第一套保护、220kV 第一套母差保护、220kV 线路测控报 SV 断链

重点提示

本缺陷知识点需要熟悉线路合并单元的虚回路，了解 SV 断链的基本原理

第二步，分析定位缺陷

动作描述

对收集到的信息结合虚回路图进行简单的整理和筛选

示意图

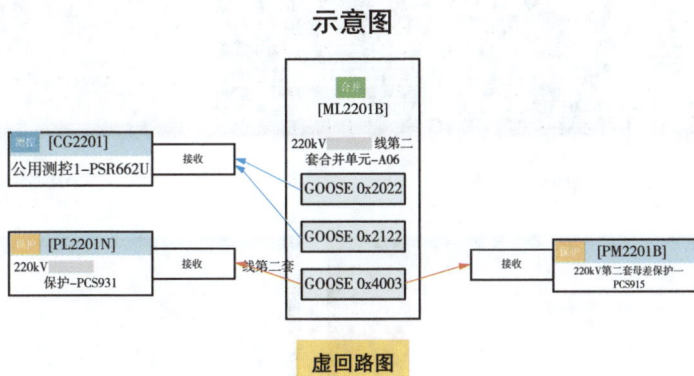

虚回路图

关键要点

（1）装置故障和运行灯熄灭一般是由装置内部硬件故障或装置配置问题引起。

（2）结合虚回路图和 SV 断链信息，可初步判断线路合并单元装置出现了硬件或软件配置上的故障

重点提示

合并单元消缺存在需要在运行的 TA/TV 二次侧回路上的可能，关键在于决策是否停电消缺，本知识点建议尽可能停电消缺

第三步，布置安措消缺

动作描述

根据初步定位，消除缺陷需要考虑对线路合并单元硬件情况或软件配置进行检查

示意图

跳高压侧开关1软压板	#1主变第一套保护#1主变220kV跳闸出口软压板1-1GT1
跳高压侧开关2软压板	#1主变第一套保护失灵出口软压板1-1GT2
跳高压侧开关4软压板	#1主变第一套保护解除失灵闭锁出口软压板1-1GT3
跳高压侧母联软压板	备用
跳中压侧开关1软压板	#1主变第一套保护#1主变110kV跳闸出口软压板1-1GT6
跳中压侧开关2软压板	备用
跳中压侧母联1软压板	#1主变第一套保护110kV I-II段母分跳闸出口软压板1-1GT8
跳中压侧母联2软压板	备用
跳中压侧母联3软压板	备用
跳低压侧开关1软压板	#1主变第一套保护#1主变10kV I甲跳闸出口软压板1-1GT11
跳低压侧开关2软压板	备用
跳低压侧分段1软压板	#1主变第一套保护10kV I、III段母分跳闸出口软压板1-1GT13
跳低压侧开关3软压板	#1主变第一套保护#1主变10kV I乙跳闸出口软压板1-1GT14
跳低压侧分段2软压板	#1主变第一套保护10kV I-II段母分跳闸出口软压板1-1GT16
闭锁中压备自投软压板	备用
闭锁低压1侧备自投1软压板	#1主变第一套10kV I甲侧备自投闭锁10kV I III段母分BZT出口软压板1-1GT18
闭锁低压2侧备自投1软压板	备用
闭锁低压1侧备自投2软压板	#1主变第一套10亿I乙侧备自投闭锁10kV I II段母分BZT出口软压板1-1GT20
闭锁低压2侧备自投2软压板	备用

左侧纵标：GOOSE 发送软压板

保护改信号

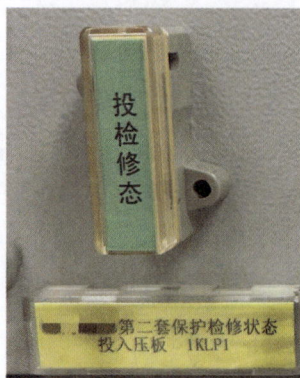

投入检修压板

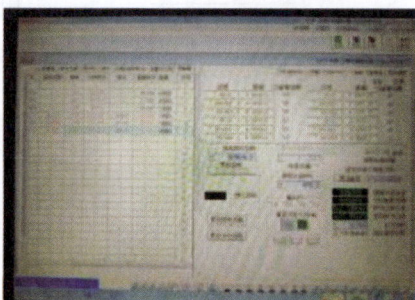

光口功率、报文测试界面

仪器试验线连接、角差比差校验画面

关键要点

（1）不停电安措考虑：220kV 线路第一套保护改信号、220kV 第一套母差保护改信号，该线路间隔遥测数据封锁，投入 220kV 线路第一套保护、220kV 第一套母差保护、220kV 线路第一套合并单元装置检修压板。短接运行的 TA 二次回路 TA 侧，划开试验连片，运行 TV 二次回路。

（2）停电安措考虑：将 220kV 线路改开关及线路检修。检查 220kV 线路第一套保护、220kV 第一套母差保护中的该间隔 SV 软压板已退出。投入220kV 线路第一套合并单元装置检修压板。

（3）消缺后试验项目一：遇到重新下载配置的情况，如更换合并单元CPU 插件及光口插件时，检修人员需要进行光口链路、采样角差比差进行试验。

（4）消缺后试验项目二：遇到无需重新下载配置的情况，如更换合并单元电源插件时，检修人员可以仅核对故障链路恢复情况，观察装置面板情况

重点提示

易犯错误：

（1）在运行 TA 的二次回路上工作容易造成 TA 二次侧开路，风险较大。

（2）线路状态申请不到位，改至冷备用，容易导致相应保护内的 SV 压板未退出，造成保护误出口。

处理办法：

（1）在运行 TA 的二次回路上工作时，做好个人绝缘防护，注意先短接后断开的方式，在短接后观察回路内侧有无电流，无电流后方可断开，短接电流端子采用可靠的短接措施，禁止使用缠绕的方式。

（2）若停电消缺，线路状态必须改为开关及线路检修

第四步，举一反三排隐患

动作描述

检修人员在消除缺陷后，对消缺工作进行总结

关键要点

评估同期投产设备、同类型设备出现同样缺陷的可能性，防患于未然

三、母联智能终端故障消缺思路

智能终端是典型的智能电子设备，220kV 母联智能终端一般配置是双套。下面针对其中一套母联智能终端故障，描述了其消缺步骤和消缺时应注意的安全措施，详见表 9-4。

表 9–4 　　　220kV 母联第一套智能终端装置故障

第一步，收集故障信息

动作描述

在检修人员收到消缺任务时，第一时间了解清楚任务信息，从多渠道收集设备故障或告警信息

示意图

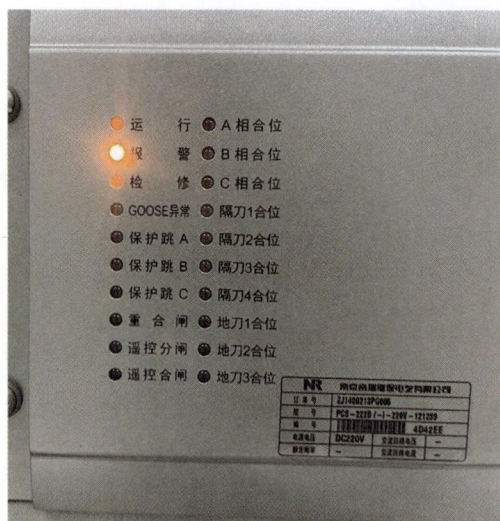

智能终端面板故障图

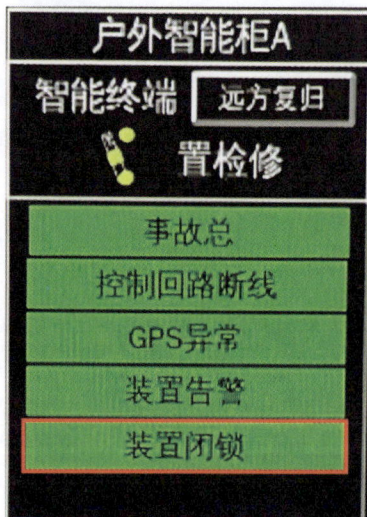

后台信号图

关键要点

装置故障、运行灯熄灭、220kV 母联第一套保护、220kV 母联第一套合并单元、220kV 第一套母差保护、220kV 母联测控报 GOOSE 断链

重点提示

需要熟悉线路智能终端的虚回路，了解 GOOSE 断链的基本原理

第二步，分析定位缺陷

动作描述

对收集到的信息结合虚回路图进行简单的整理和筛选

示意图

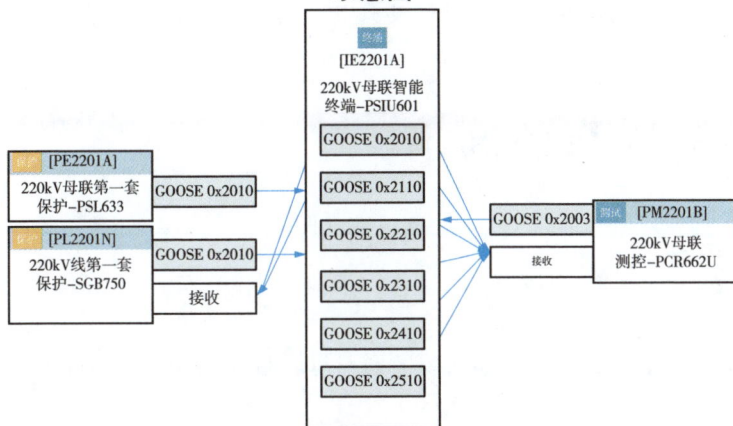

虚回路图

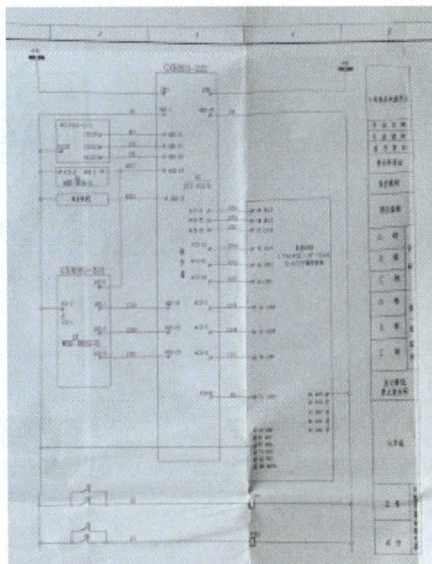

控制回路蓝图

关键要点
（1）装置故障和运行灯熄灭一般是由装置内部硬件故障或装置配置问题引起。
（2）结合虚回路图、电气蓝图、GOOSE断链信息，可初步判断线路合并单元装置出现了硬件或软件配置上的故障

⚠️ **重点提示**
智能终端消缺工作可能涉及到开关传动工作，尽可能采用停电消缺的方式

第三步，布置安措消缺

动作描述

根据初步定位，消除缺陷需要考虑对母联智能终端硬件情况或软件配置进行检查

示意图

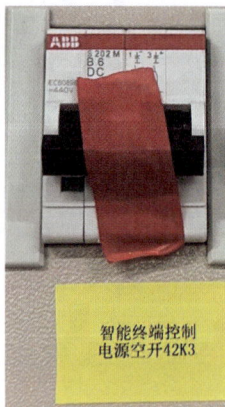

控制电源拉开

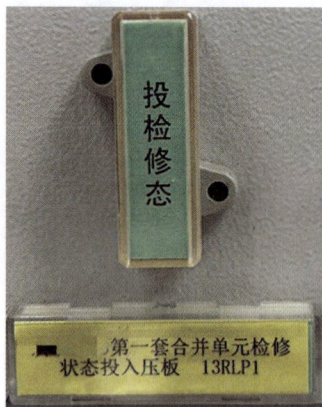

检修压板投入状态

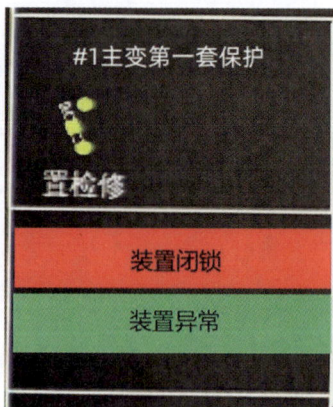

退出出口压板

关键要点

（1）不停电安措考虑：断开 220kV 母联开关第一组控制电源，退出 220kV 母联第一套智能终端出口压板、投入 220kV 母联第一套智能终端装置检修压板。

（2）停电安措考虑：将 220kV 母联改开关及线路检修。

（3）投入 220kV 母联第一套智能终端装置检修压板。

（4）消缺后试验项目一：遇到重新下载配置的情况，如更换智能终端 CPU 插件及光口插件时，检修人员需要进行光口链路、开关传动进行试验。

（5）消缺后试验项目二：遇到无需重新下载配置的情况，如更换智能终端电源插件时，检修人员可以仅核对故障链路恢复情况，观察装置面板情况

重点提示

不停电工作时拉开控制电源是关键安措

光口功率测试界面

仪器传动校验画面

第四步，举一反三排隐患

动作描述

检修人员在消除缺陷后，对消缺工作进行总结

关键要点

评估同期投产设备、同类型设备出现同样缺陷的可能性，防患于未然

【知识小结】

（1）主变压器停电工作较校验项目部分基本相同。主变压器保护故障消缺关键还是在于故障定位后的停电和不停电消缺的决策上，选择不停电消缺策略之后，检修设备与运行设备的安措隔离是重中之重，其中最重要的是防止一次设备的误出口。

（2）线路合并单元故障后的消缺思路是合并单元消缺方法的汇集，熟悉该消缺思路后，可活用于站内所有其他合并单元消缺工作中，在熟悉 SCD 虚回路后即可一通百通。该知识点的重点关键点就在于对于合并单元故障后影响的相应保护需要进行操作改信号。而在决定选择不停电消缺时，要尤其注意互感器二次侧的安措隔离。

（3）母联智能终端消缺的安措布置关键点在于避免一次设备的误出口。尤其在不停电消缺过程中，最关键的是要拉开控制电源。母联智能终端故障后的消缺思路也是智能终端消缺方法的汇集，熟悉后可灵活应用于其他双重化配置的智能终端消缺工作中。

【思考与练习】

问题一　1 号主变压器第一套保护不停电消缺工作，首要考虑的安全措施是（　　）。（单选题）

A. 防止跑错间隔的安措　　　　　　B. 防止保护配置丢失的安措

C. 防止保护光纤头污染的措施　　　　D. 防止一次设备误出口的措施

问题二　SCD 中的虚回路 2 号主变压器第二套保护不停电消缺工作，对 220kV 母差有何影响？需要做什么安措？

问题三　220kV 第一套线路合并单元在更换了 CPU 板件后，是否需要进行采样校验？为什么？

问题四　根据 SCD 中的虚回路 220kV 第二套线路合并单元不停电消缺工作，对哪些保护有影响？需要做什么安措？

问题五　220kV 母联第一套智能终端更换了电源板件后，需要进行开关传动校验吗？

问题六　根据 SCD 中的虚回路 220kV 第二套线路智能终端报装置不停电消缺，关键的安措点在哪里？

【思考与练习】参考答案

【任务1】

问题一　编写方案时，二次专业需要明确的典型危险点有哪些?

答：方案中的二次专业危险点和防控措施要明确。二次专业涉及的典型危险点有保护误出口、交直流短路、电压互感器二次侧短路或接地、电流互感器二次侧开路、电压互感器反充电、自动化数据跳变、内网设备违规外联等。

问题二　综合检修当日工作完成后，班后会中工作负责人需要分析的关键点有哪些?

答：工作负责人对本日施工作业工作任务执行过程情况进行分析：

（1）工作任务是否按计划完成。

（2）任务分配、人员安排是否合理。

（3）工作资料、耗材、备品备件准备是否充分。

（4）工作票、动火票及相关附件等填写应用是否正确完备。

（5）二次安全措施执行恢复是否正确完备。

（6）施工工器具、仪器仪表、安全工器具是否完好。

（7）作业过程是否发现设备异常情况和问题。

（8）施工中是否存在违章现象或不足之处等。

（9）作业过程中是否存在需协调明确的事项。

（10）施工现场是否清理。

【任务 2】

问题一 如何使用 ONLLY 仪器模拟瞬间 A 相接地故障？

答：在正确接入电压电流后，使用状态序列设置 3 个状态，分别为：

状态 1：正常运行的电压电流态。

状态 2：故障态，通过状态量界面的故障计划设置为 A 相瞬时接地。

状态 3：同状态 1。

问题二 整组传动试验如何做？做整组传动试验时需要注意哪几个关键点？

答：整组传动试验是通过模拟电网故障状态，测量保护动作、跳合闸继电器节点动作于控制回路，开关位置变化这一整个过程的速度。试验需要注意引接的节点是否带电，带电节点引接是要注意先接装置侧，再接带电端子侧，防止低压触电和直流接地。

问题三 如何通过数字式继电保护测试仪模拟测控发 GOOSE 遥控合闸报文给智能终端？

答：（1）进行 SCD 导入和 IED 导入步骤。

（2）配置 GOOSE 发送设置，在通道列表中找到对应的需要发送的节点并进行映射。

（3）打开手动界面，发送 GOOSE 报文，通过映射节点的置位进行智能终端的遥控合闸模拟。

注意，因 GOOSE 断链保持功能，在确保遥控合闸命令恢复后，才可断开 GOOSE 测试光纤。

问题四 数字式继电保护测试仪中 GOOSE、SV 检修标志在哪个界面配置？

答：（1）在导入 SCD 后的"基本设置"界面中的"GOOSE 接收设置"打勾即 GOOSE 报文置检修，在同界面中"系统设置"设置 0800 即 SMV 报文置检修。

（2）在各个试验菜单界面，也可通过 SMV/GOOSE 设置进行置位。

问题五 为什么要进行绝缘电阻测试试验？

答：二次回路绝缘电阻的测试是评估电气系统二次设备及回路能否长期正常运行的重要试验。绝缘测试可以预防变电站二次回路异常引起的电缆沟或设备火灾、直流接地引起的设备误动拒动作、交流采样回路绝缘异常引起的事故范围扩大等各类异常和事故。正确和规范的完成二次设备及回路绝缘测试有助于提前发现隐患，保障电气系统的可靠运行。

问题六 定检时，二次回路的绝缘测试如何执行？合格标准是什么？

答： 定期检验时，在保护屏柜的端子排处将所有电流、电压、直流控制回路的端子的外部接线拆除，并将电压、电流回路的接地点拆开，用 1000V 绝缘电阻表测量回路对地的绝缘电阻，其绝缘电阻应大于 1MΩ。

【任务 3】

问题一 220kV 及以上电压等级线路按双重化配置的两套保护装置的通道应遵循什么原则？

答： 应遵循相互独立的原则。220kV 线路光纤差动保护，两套均采用双通道模式，安排 4 条线路保护通信传输通道。第一套和第二套线路保护 A 口采用专用纤芯保护通道；第一套和第二套线路保护 B 口采用复用 2M 通道。保护装置及通信设备电源配置时应注意防止单组直流电源系统异常导致双重化快速保护同时失去作用的问题。

问题二 220kV GIS 站中应用的智能终端的跳合闸功能和遥信节点应满足怎么样的要求？

智能终端应具有跳合闸自保持功能。智能终端跳闸出口，自收到 GOOSE 命令到出口继电器触点动作的时间不应大于 5ms。断路器分相位置、隔离开关位置应采用 GOOSE 直传双点信息。遥合（手合）、低气压闭锁重合等其他遥信信息应采用 GOOSE 直传单点信息。

【任务 4】

问题一 三层两网指的哪三层、哪两网？智能终端、保护装置、后台监控分别属于哪一层？接入什么网？

答： 三层是指过程层、间隔层和站控层，两网是指过程层网络，站控层网络。智能终端属于过程层设备，接入过程层网络，后台监控属于站控层设备，接入站控层网络。保护装置属于间隔层设备，下接过程层网络与智能终端等过程层设备通信，上接站控层网络与后台等站控层设备通信。

问题二 调度数据网路中备调的作用是什么?

答: 备调系统的结合主要功能与主调系统相同,形成互为备用的结构。这种模式下,可在主调或者备调进行设备升级、检修等工作时,保证调度数据网络不中断。

【任务 5】

问题一 定期检验分为(   )。(多选题)

A. 全部检验   B. 部分检验

C. 用装置进行断路器跳合闸检验   D. 带负荷试验

【答】ABC

问题二 哪些设备由继电保护人员维护和检验(   )。(多选题)

A. 继电保护装置   B. 安全自动装置

C. 二次回路   D. 继电器

【答】ABCD

问题三 220kV 停单条母线以及母线上的线路及主变压器轮停主要危险点和安全措施有哪些?

答: 工作许可过程时,应确认母线保护装置内停役间隔 SV 接收压板、失灵 GOOSE 接收软压板已退出,防止校验工作影响运行设备;电压互感器间隔内有运行母线电压二次回路,严禁误碰;断开至运行母分开关及 35kV 备自投装置的回路,确认对应 GOOSE 压板已退出,防止误动作。

【任务 6】

问题一 智能变电站继电保护装置及二次回路 C 类检修涉及的项目有(   )。(多选题)

A. 屏柜检查   B. 检修状态测试

C. 软压板检查   D. 整定值的整定与检验

【答】ABC

问题二 下列(   )不是智能变电站中不破坏网络结构的二次回路隔离措施。(单选题)

A. 断开智能终端跳、合闸出口硬压板

B. 投入间隔检修压板,利用检修机制隔离检修间隔与运行间隔

C. 退出相关发送及接收装置软压板

D. 拔下相关回路光纤

【答】D

问题三 智能变电站中当"GOOSE 出口软压板"退出后，保护装置可以发送 GOOSE 跳闸命令，但不会跳闸出口。（判断题）

A. 正确　　　　　　　　　B. 错误

【答】B

【任务 7】

问题一 220kV 线路保护与主变压器保护定期校验关键区别？

答：关键区别在于：

（1）线路保护动作对象仅为本间隔开关，主变压器保护动作对象涉及三侧开关以及中压侧和低压侧母分。

（2）线路间隔开关为分相开关，且有重合闸功能，定期校验项目增加重合闸和合闸于故障的试验模拟项目。

问题二 220kV 正母或者副母电压互感器合并单元是否可以在 220kV 单母停电时进行 C 检？为什么？

答：不可以。原因是 220kV 正/副母电压互感器合并单元，实际是 220kV 第一套、第二套母线合并单元，任何一套装置内均采集了正副母的电压用于给双重化保护——对应传输母线电压，在 220kV 母线非全停时，任何一套母线合并单元均处于运行装态，视为运行设备。单母停役的综合检修工作中，应额外注意此设备的安措情况，110kV 电压互感器合并单元也存在此类情况。

【任务 8】

问题一 反措清单的作用是什么？

答：反措清单明确表明了反措范围，帮助反措管理者与执行者明确任务范围，防止遗漏以及超范围工作。

问题二 反措台账不及时更新会有什么后果？

答：反措台账清晰反应了反措工作的开展进度，若不及时更新反措台账，会对反措工作的安排产生不利影响，可能导致重复工作。

【任务 9】

问题一 1 号主变压器第一套保护不停电消缺工作，首要考虑的安全措施是（   ）。（单选题）

A. 防止跑错间隔的安措

B. 防止保护配置丢失的安措

C. 防止保护光纤头污染的措施

D. 防止一次设备误出口的措施

【答】D

问题二 根据 SCD 中的虚回路 2 号主变压器第二套保护不停电消缺工作，对 220kV 母差有何影响？需要做什么安措？

答：在 2 号主变压器第二套保护不停电消缺工作需要注意退出其到 220kV 第二套母差保护的 GOOSE 失灵发送软压板。否则可能引起母差保护失灵解复压误开入。

问题三 220kV 第一套线路合并单元在更换了 CPU 板件后，是否需要进行采样校验？为什么？

答：需要进行采样校验。由于合并单元精度文件存储于 CPU 板件，在进行 CPU 板件更换后，需要对合并单元进行比差角差精度校验。

问题四 根据 SCD 中的虚回路 220kV 第二套线路合并单元不停电消缺工作，对哪些保护有影响？需要做什么安措？

答：根据虚回路图可以看出，220kV 线路第二套保护和 220kV 母差第二套保护均受到影响。进行 220kV 第二套线路合并单元消缺时，需要将 220kV 线路第二套保护和 220kV 母差第二套保护改信号，并投入 220kV 第二套线路合并单元检修压板。

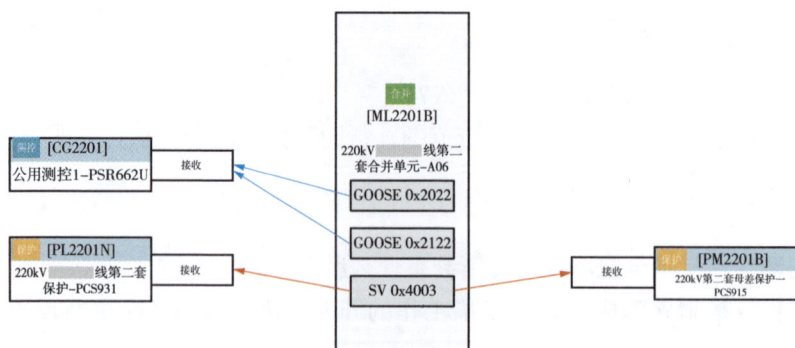

虚回路图

问题五　220kV 母联第一套智能终端在更换了电源板件后，需要进行开关传动校验吗？

答：仅更换装置的电源板件，不需要进行其他试验。智能终端的电源板件仅负责为设备提供 5V、12V、24V 的电源，不涉及任务配置程序，更换后能正确点亮装置，后台无装置告警即可。

问题六　根据 SCD 中的虚回路 220kV 第二套线路智能终端报装置不停电消缺，关键的安措点在哪里？

答：关键安措在于防止母联智能终端误出口运行的母联开关，要将 220kV 第二套母差、第二套母联保护改信号，退出母联智能终端出口压板，拉开母联智能终端控制电源。

参考文献

［1］国家电网有限公司.智能变电站继电保护技术规范：Q/GDW 441—2024.北京：中国电力出版社，2024.

［2］国家能源局.继电保护和电网安全自动装置检验规程：DL/T 995—2016.北京：中国电力出版社，2016.

［3］国家电网有限公司.智能变电站继电保护检验测试规范：Q/GDW 1810—2015.北京：中国电力出版社，2015.